个体突围

真正的高手，都有破局思维

[英]艾玛·加侬(Emma Gannon)◎著
肖舒芸◎译

THE MULTI-HYPHEN METHOD

江苏凤凰文艺出版社
JIANGSU PHOENIX LITERATURE AND ART PUBLISHING, LTD

图书在版编目（CIP）数据

个体突围 / (英) 艾玛·加侬 (Emma Gannon) 著；
肖舒芸译. -- 南京：江苏凤凰文艺出版社, 2020.1
书名原文: THE MULTI-HYPHEN METHOD
ISBN 978-7-5594-4035-8

Ⅰ. ①个… Ⅱ. ①艾… ②肖… Ⅲ. ①成功心理－通
俗读物 Ⅳ. ①B848.4-49

中国版本图书馆CIP数据核字（2019）第263336号

个体突围

[英] 艾玛·加侬 (Emma Gannon) 著 肖舒芸 译

责任编辑 唐 婧
装帧设计 仙境工作室
责任印制 郝 旺
出版发行 江苏凤凰文艺出版社
南京市中央路 165 号，邮编：210009
网　　址 http;//www.jswenyi.com
印　　刷 唐山富达印务有限公司
开　　本 880×1230 毫米 1/32
印　　张 8.5
字　　数 170 千字
版　　次 2020 年 1 月第 1 版 2020 年 1 月第 1 次印刷
书　　号 ISBN 978-7-5594-4035-8
定　　价 42.00 元

你才 25 岁，你可以成为任何你想成为的人。

——— 是枝裕和《步履不停》

目录

第 6 章 如何平衡工作和生活?

第 7 章 多重职业的 10 个方法工具包

第 8 章 正面工作中的焦虑情绪

第 9 章 重新认识职场人际关系

第 10 章 我们与金钱的关系

结束语 你本来就很优秀

致谢

前言

一提到自己的职业，你是否感觉它就好比一场无休无止的旅行，虽然设定了目标，终点却遥不可及？“目标”犹如山巅：云山雾罩般看不清楚，假如你开始奔跑，以为可以看清远处那个模糊又非同一般的目标。当你抵达终点，疲惫不堪时，以为自己将水到渠成地实现职业生涯的涅槃。在学校读书时，或许曾有人告诉过你，只要努力工作，你就一定会实现人生目标。于是，你不辞辛苦，朝九晚五。相信总有一天将获得回报。当我们职业晋升、薪酬上涨，有了发朋友圈的动力时，我们都更加确信，自己终将享受风平浪静的圆满职业状态。

但是，万一这种状态其实并不存在呢？如果抵达终点后，发现一切并不圆满，该怎么办？长时间的攀登途中，你是否真正地想过，成功对你而言意味着什么？是每一天累积的小小成功，是单调枯燥的日常事务，还是沿途中的某个选择？万一山顶上的目标所带给你的感受或目标本身都不是当初自己所期待的，你该如何是好？如果我们对成功的定义各不相同，而且还有可能完全误解成功的关键内涵，那该如何是好？这将会是一场多大的骗局啊。

每个人都有自己的使命。除非你是上天眷顾的幸运儿，否则，工作是多数人逃不掉的。我在学校里学到的就业指导，到毕业时就过时了。2007 年，当我还在读大学时，就参加了职业教育和培训，领取了许多教师和律师的指导手册，但到毕业时，我对真实世界的情况一无所知。例如，毕业后我从事的工作，在领取就业指导的那一年还没诞生呢。

我还后知后觉地意识到，选择一份工作只是令人心慌，选择一份终身从事的工作才令人担忧。有人不止一次地告诉我，你有能力探索实现梦想的路径。有人则鼓励我选择一个研究课题，精通一门学科。但是，我在职业生涯上获得的成功都归功于各种各样的项目、目标和选择。你不必只选择一份工作或只精通一种技能。事实上，斜杠生活方式能够带来无穷的好处和可能性，于是这本书应运而生。我们中的大多数人并不需要一辈子只做一件事。

零工经济（*Gig Economy*）方兴未艾。字典对它的定义是“与稳定工作相对的，短期合同或自由职业普遍存在的用工市场”。在美国，预计到 2020 年，自由职业将为近一半就业者提供部分收入。然而，这也多少会导致一些人手忙脚乱：在最后一刻才赶制出计划，无法保证工作时间的“零时工合同”（*zero-hour contract*）。多重职业不是要求人们应付好这一切，我们需要注意，零工经济的势头有增无减。斜杠人士需要选择和制定计划，主动进攻，用足够的自由时间承担多种各类项目，而不是被动地被他人步步紧逼。

这是一种生活方式。我们需要把命运掌握在自己手里。

斜杠生活方式的内容是：同时进行多项不同的工作，有多元化而非单一的收入渠道。当然，这也会让我们更难回答诸如“你做什么工作？”这类问题，但是，你的身份不再局限于单一的职业称谓。它能够更全面地指出你是谁，你的兴趣是什么，你的收入来源和你的日常喜好。这些通过“连字符”构成你的身份。你是一个职场变色龙，根据不同的人物改变自己、塑造自己。

这是一个重要的课题，我们在工作上投入了大量时间，尽管工作不一定能够决定我们的身份，却占据了日常生活中的大部分时间。

一般来说，我们的一生中，有完整的 12 年都在工作，有 15 个月的加班时间。现在，我们的一生中，有三分之一的时间花费在手机上，或许，这已经不算稀奇。在一个科技无所不在的现代职场中，在一个终日追逐可望不可即的终点线的世界，我们需要脱颖而出，实现符合自己心意的成功，该如何让自己更快乐，更有成就感？我们该如何着手开始一项我们津津乐道，却不知从何处入手的副业？在一个 70 亿人口互联互通的地球村，我们如何脱颖而出？我们该如何创造独特的生财之道？当一套过时的体系已经失效，大多数人无法从中获益，失望的我们该如何主动出击？我想通过这本书，帮助你寻找这些问题的答案。

改头换面（职业、生活方式、科技）的窗口期转瞬即逝。我们没有坐下来歇一歇、想一想的时间。即使有这个时间，我们也难免感到未来对我们施加的焦虑感和紧迫感。我们始终在思考职业2.0升级版。我们无法预测未来从事的职业，但是我们可以用一种新的方式为自己创造出安全感。科技的影响不完全是积极的，但是，科技让我们能够自学新技能，创造新的就业岗位，创造个人品牌，吸引源源不断的工作机会。

多重职业以务实的态度审视我们如何重塑自我、重塑工作场所、重塑环境、重塑个人对成功的定义，本书第7章会提到具体的方法。多重职业需要我们重新思考旧习惯，提出更多问题。我们需要制定自己的规划，摆脱局限于一项事物或一个框框的束缚感。时光流逝，精通一项技能已经无法保证后半生高枕无忧了。

多重职业做不到：

· 指导你如何成为博主/模特/*DJ*–如果你有别的想法，我很抱歉

· 只适用于对千禧一代斜杠青年

· 鼓励导致安全感缺失的跳槽

· 教你如何成为自由职业者

· 放之四海而皆准的指导手册

多重职业可以做到：

· 探讨如何在新的工作环境中保持自己的竞争力

· 反思过往的工作传统如何阻碍了我们的发展

· 指出同一时间完成多项任务的方法

· 引导对成功的个性化新定义

· 如何使用技术，在未来的职场实现自我提升
· 用同样的时间，减轻工作量，增强创造力

感谢科技，我们具备了对抗传统的能力。科技给予我们更多自由，这种自由是我们曾经孜孜以求的。我们能自由地界定工作时间，使用工具和设备完成规划好的任务，只需要轻点鼠标，我们就能和地球村的其他村民交流。互联网世界同样有着兴衰起落，例如，大开本高端杂志退出舞台，社交平台照片墙（*Instagram*）成为普通人晒出自创杂志的平台；传统的社会名流不再吃香，普通小人物在互联网上声名鹊起。即使没有传统的资金来源渠道，只要有无线网、众筹和创意，哪怕是在自己的卧室里，我们也可以开始创业。不是每一个人都想成为马克 · 扎克伯格（*Mark Zuckerberg*）征服世界，但是，许多人愿意尝试实现自己的创意，作为一项副业也挺好，因为我们有这个能力。

伴随着新行业的兴起，市场鸿沟也日益扩大。小微企业创业社交和咨询网站（*Enterprise Natio*）的创始人艾玛 · 琼丝（*Emma Jones*）称，过去几年中，英国的创业率不断打破原有记录，“2012 年的这 12 个月里，英国诞生了 50 万家创业企业，2016 年，60 万人创办了有限公司。”这些数字十分惊人。我陆续开办了各类讲座、研讨会，有许多与人们交流的机会，那些主动开展副业的人令我备受启发。我还记得在 2016 年，我举行了一次研讨会，来参加的人背景各不相同，有 87 岁高龄的老奶奶，她希望设立自己的网站，出售自制编织品；也有年仅 12 岁，想

通过讯佳普（*Skype*）教其他国家的同龄小伙伴小提琴的女孩。我相信，我们每一个人心底都有创业梦。

一辈子只干一份工作的时代已经结束。当前，自由职业经济正在崛起。互联网无国界，在线资源十分丰富，我们可以开辟出属于自己的道路。最终，在聊起工作时，我们会自问：“规则是谁定？”英国的生产效率是全欧洲最低的，比德国低 27%，导致每年产生数十亿英镑的损失。科技改变了生活，但是，科技与工作的融合速度并不如我们想象的快。

每一个工作日中，平均每个美国职员把 28% 的时间花在邮件沟通上。根据 *atlassian.com* 网站的统计，每个月，我们把 31 个小时耗费在效率低下的会议中，73% 的人在会议现场偷偷地做其他事情。《每日电讯报》报道了英国特许管理协会（*Chartered Management Institute*）开展的一项民意测验，“雇员使用手机和苹果平板电脑（*iPads*）在家工作，所以公司把年假取消了”。对于这个结论，我并不感到惊讶。当然，在办公室工作也有好处：可以在会议中和同事面对面沟通，与同事建立个人联系，更容易开展团队合作。

但是，当我坐在办公室时，我感觉自己在以各种方式浪费时间：不停地喝茶，同时收听三个不同调频的广播电台，“能不能借步说个事？”（事先说好的一个小时往往会变成两个小时）那些会议毫无意义，最终不过是一群效率低下的拖延症患者耗费了通勤成本。许多干扰因素让我无法专心地完成手头的工作。从上班途中拨打电话开始，加上在办公室里的坐班时间，我们的工作时间实际上已经超出了合约规定的工作量和总时长。研究表明，因为有了电子邮件收件箱，我们每日的工作时间从 7.5 小时延长到了 9.5 小时。我忍不住反思：如果给我一次机会，让我重新开始规划我的工作时间，我会做出哪些改变？

许多工作的僵化本质往往一成不变，因此，我感到很失望，想要向传统的工作环境发出挑战。许多公司偏执地要求所有座位座无虚席，却从未考虑过个人的需求。快进到当下，我承接了许多份工作。但恐怕我无法轻易说出哪一份工作最轻松。有一阵子，我觉得这也不是一件好事，因为这样的生活方式需要顾及各个方面的事务。斜杠青年（职业称谓之后加条斜杠的人群）无法专注于一份工作。如果要我不停地向别人介绍自己的职业，估计舌头都得打结。这么多年以来，我在自我介绍时总是支支吾吾，做不到骄傲地说出自己的职业。现在，我想把这些经历记录下来，当初那些被视为缺陷的部分，现在反而成了你的闪光点。当我开始享受目前的工作方式，并为之取了一个名字（个体突围）后，生活立刻焕然一新了。无论是我的健康状况、人际关系，还是银行存款都得到了改善，对成功的定义也更加深刻。个体突围让我用一种过去从未想到的方式兼顾了一切事务。

的确，牺牲在所难免，未来的工作（见第 8 章）仍会向我们提出棘手又关键的难题，但是，我想在这本书中分享自己感悟到的教训和一些思考。我想记录下家庭与工作融为一体的过程，记录下如何做到兼顾两者而不精疲力竭。或许你很想做出改变，或许你想挑战自我，尝试体验弹性工作状态，或许你想再获得一份兼职工作，或许由于说不清道不明的原因，曾经令你感到快乐的那份工作现在竟让你为此愤怒。无论面临着何种情况，我都相信，在每一个人的内心深处，我们都有斜杠情结，我们只是需要一些指导，让斜杠生活变为现实。我们需要采取一些实际行动。

或许你会条件反射式地回答：多种职业身份意味着更大的工作量。但是，我不会在这本书里列出一长串的待办事项清单。这本书会告诉读者：如何利用技术减少工作量。科技始终在我们身边，我们每天都在学习科技（这是个体突围的关键内涵）。30 年前，人们家里还没有电脑，如今，思科（*Cisco*）的研究结果表明，2008 年，与互联网相关的“事物”总量已经超过人口总量。预计到 2020 年，互联网连接的事物总量将达到 500 亿。这个趋势并没有出现下降势头。数据处理技术能帮助我们减少工作量，这样一来，我们就有更多时间学习其他感兴趣的技能，兼职正成为国民性的消遣方式。

如果我告诉你，当我从一份工作的雇员变为身兼多职的斜杠人士后，相较于朝九晚五的工作，我的工作时长反而大幅度减少，同时，从多种渠道获得的收入总数并不亚于固定工作收入，你是否会感到惊讶？本书的目的在于帮助读者突破现代工作环境的束缚，说清楚过去职场上的陈规陋习是如何破坏了工作满足感，让我们感觉身陷囹圄，无暇顾及其他的兴趣。

这本书认为，在当下，每个人都有创业梦，每个人都有权利追求这个梦。是的，每一个人。我们需要的只是一个务实的开端，让自己的创意可以落地，于是，我们可以创造新的就业机会，不仅为自己，也为他人。是时候打破传统职场的枷锁了。谁规定我们必须分毫不差地依照规矩生活？新时代有新气象，也适合采取新的工作方式。

我们感到，在这个变动剧烈的时代，自己似乎是一个人在单打独斗，开山劈林，我们需要战胜不自信的心态。互联网给予我们一份工作，它有弹性的工作时间，我们可以有兼职，可以发展兴趣，把出行成本降到最低。但是，我们该如何以更大的视野看待这种情况？我们是否不好意思提出要求增加工作弹性的要求，为什么许多人依旧对这种要求抱有偏见？毕竟，根据自己的性格和职业针对性地选择多种身份标签，能够让我们把生活中的压力和焦虑分散到不同的事情上。这对我们有好处。

最近，我和许多兼职做出租车司机的人聊了很多。他们要么正准备上线自己的 app，要么正在参加培训，希望日后成为飞行员或者作家。我还遇到了事业有成的医生，他正在接受培训，希望日后能够成为一名摄影师，这样一来，当他在山里医治病人时，可以过把兼职电影人的瘾。还有一名医生，完成手术后的下一秒就在自己的美食博客上发表文章。我们不需要为那些不关心员工、不舍得投资员工的公司打零工，而需要为自己的工作增添更多的可能性，这样一来，我们就可以创造出一个空间，在这样的空间里，我们可以充分利用消费文化和新经济带来的一切机会。我们需要合适的副业。在传统职场，我们正日益变得脆弱和被动，因此，我们需要提升自己。我们需要让更多人听到这些对话，让现代生活方式为我所用，而不是被生活逼得无路可走。

斜杠人士并非是某一代人的专属，在写这本书的时候，我一直在努力回忆，至少分析自己的观点源于何处。我很好奇，如果自己是千禧一代，正奋力摆脱“雪花一代”的标签，又恰在2009年经济衰退时期从大学毕业，那么，能找到一份稳定的工作就会成为我的全部追求。经济危机令人恐慌，我觉得自己需要一份副业，让自己从众人中脱颖而出，保住饭碗。学生贷款和房贷危机影响的是一整代人，我并没有以线性的方式思考自己的职业，而是选择与婴儿潮时期出生的父母们完全不同的职业发展路线。我们将会有很长的工作年限，我们的工作也将不断地发生变化，甚至彻底变革。

我心里也明白，科技变化日新月异，人类不可能始终跟上科技的脚步（或者完全明白对科技的利用之道）。这就好像我们正在和科技并肩而跑。我明白，工作和工作环境将会焕然一新，因为科技始终在变化和演进，我需要关注自我投资。如果没有什么能带来安全感，我唯一能做的，就是自学以及花钱学习新技能。我们应该学习那些能够让我们看到不同景色的技能，明白这些技能如何改变、增强和预判自己的行动。找工作或进行职业规划时，我们不应只顾自己，而应该观察周围的环境以及我们在其中扮演的角色。我们不应该沉湎于职业称谓、职场登记，而应该关注自己能做什么，这些职业身份能创造多大的价值。一些过去由工人从事的工作，大多是沿着职业阶梯稳步向上爬，但现在已经不一样了，我们能否像以前一样胜任接下来5年的工作，也就不得而知了。我们不应该以线性方式思考这个问题。我们应该多使用“为什么？”或“如果……该怎么办？”而不是对此嗤之以鼻。

看吧，拥有多种职业身份并不是新鲜事。早在20世纪80年代，组合型职业就受到广泛欢迎了，查尔斯·汉迪（*Charles Handy*）在《空雨衣》（*Empty Rincoat*）（1994年）中向大众普及了这个概念。但是，这个概念需要更新和进一步的推广。“组合型职业”这一术语也需要与时俱进，在其内涵中增添科技、设计和互联网等关键词，而不是把各种松散的职业绑定就了事。当我迈出第一步时，并没有一本书能够为我提供组合方案，告诉我如何提高数据使用技能，打造专属于自己的成功之路，过上适合自己的生活方式。

我们给这种身份取了很多名字：跨学科工作、斜杠职业，我的朋友佛莱迪（*Freddie*）称之为多渠道——有多种收入渠道，你好像一个木偶操作师，操纵手中的引线，妥善地安排所有的职业角色。重要的是，在一个变化万千的职场中，这本书能够让你成为生存下去的适者。本书旨在使你的才能多样化，确保你能够获得一个最佳的职场位置，取得职业成就。毕竟，在当前的时代，非我们能掌控的事情太多了。所有的这一切憧憬都让我兴奋。我相信，在当下的职场中，我们的身份内涵丰富。拿起背包里的手机，我们就可以不费吹灰之力地做起白日梦，并且顺畅地联络他人。我们目睹了其他人的锦鲤人生和商业成功，也不禁反问自己：我是否也可以做到？在互联网上，纷至沓来的消息渠道告诉我们：自己具有无穷潜力，这个想法令人讶异（有时候的确填满了我们的脑海），也令人深受启发。

由于互联网让职业竞争更加公平，你获得的机会并不于与其他人时，眼见别人开始创业或开启一项新的计划，你就会开始担忧被淘汰。我们的起跑线不逊色于他人。现在，我们站在相似的起跑线上，每一个人都有同样的机会传播自己的想法。但是，在一个竞争日趋激烈、观点日趋多元的世界，却鲜有人讨论如何利用好数据技术。我们需要更多地探讨资源利用、如何务实地迈出第一步。不久前，你可能需要先走进爱尔兰的一家银行，提出创意，申请贷款。现在，我们再也不需要这种事先的许可或首期投资了。我们可以说做就做，勇敢地承担风险，进行各种徒劳的尝试，即使没取得任何成果，这个世界也不会垮，因为在进行这些尝试时，我们还有一份稳定的工作。重点在于，我们获得了试一试的自由。

个体突围的宗旨是走好自己的路，过更幸福的生活。这个社会不断地告诉我们，不喜欢自己的工作是很正常的。民治调查公司尤格夫（*YouGov*）发布的调查结果表明，在 2015 年，有 37% 的英国工人认为自己的工作毫无意义。《标准晚报》（*Evening Standard*）在一篇报道中称，有 80% 的伦敦人厌恶自己的工作，彭博社（*Bloomberg*）近期的报道指出，当你过了 35 岁后，就越有可能厌恶自己的工作。

最近，我认识了一些人，告诉他们我正在写一本书，他们的反应是：“人生而厌恶工作。只因为它是工作。”我立刻明白了他们的观点，世界上没有始终完美的工作，工作只会施加更多的牵绊，让你无暇顾及生活。你需要身兼多职，培养多种兴趣，不断地自我提升，应对各类挑战，在各个领域收获硕果。这有助于降低你的约束感。你将具备跨越障碍的能力。也就是说，当你正积极地挖掘性格和职业上的潜能时，你也给自己腾出了歇一歇的机会。

我想写一本书，证明每一个人都可以通过网络获得额外收入，创造个人价值，同时，我还要分享实现上述目标的手段。我们只是需要有人告诉自己方法，以迈出关键的第一步。我们认为，如果生活在一个充满活力的城市里，我们就能寻找到最多的机会，这对于人际关系也是有用的，但是，如果想要成为新科技的第一批使用者，你不需要非得是从小生长在大城市的千禧一代。例如，劳拉 · 米迪（*Laura Mudie*）在滨海绍森德镇（*Southend-on-Sea*）创办了“罗莎和博”（主营各类母婴用品的品牌）。当时，她还是一名助产科医生。朱莉 · 迪恩（*Julie Deane*）和她的母亲（*Freda*）在厨房里聊家常时产生了创业的点子，此后，便诞生了如今的剑桥包公司（*Cambridge Satchel Company*）。无论身在何处，你都可以随时上网，创造出有趣的事物。这就是本书的力量。你有多渴望自由，你的潜力就有多大。

个体突围提供各类方法，教会你开展职场生活。我希望它能成为你的职业指导手册。本书也教会你，如何在一个瞬息万变、难以预测的世界里，适应更多的工作。我们需要放弃一度自我灌输的观念，例如对自己的定位以及个人与工作的关系。我们需要战胜一切恐惧，线上和线下的工作不是非此即彼的关系。我们需要发挥自身的长处，自己来定义成功。我们需要抛弃错误的观念，生命中不是只能有一份工作。在当前的世界和职场，人们脑海中根深蒂固的观念难以一时清除，本书教会我们如何延长自己的职业寿命。这本书有助于增强工作的稳定性，确保在未来的几年、几十年中，无论面临何种不确定性，我们都不必担心失去工作。这本书告诉读者如何利用互联网这一最有效的载体，让自己的未来具备更大的弹性。

第1章

未来职场生存法则

“现在，我明白了自己在21岁时没搞明白的道理：生活就是不断实现梦想。生活没有终点，一路上，我们不断突破阻碍。我们最伟大的责任就是不断地拓展人生的领域，不断成长，拓宽人生边界，摆脱既有束缚。”

——伊莱恩·韦尔特罗（*Elaine Welteroth*）

《青少年时尚》（*Teen Vogue*）前主编

字典对成功的广义定义，是“达成某种目标或目的”（当然，是个合理的定义），在我们文化中，这个定义还有更隐晦的一层含义：“实现理想目标或获得名声、财富等的人或事。”媒体、排行榜、电视和广告不断向我们灌输这类成功定义。互联网文化的特性和电视广告不断地告诉我们，如果我们更有钱、拥有更多物质、获得更多认可或社交媒体账号有更多的粉丝，我们就会更加快乐。如果我们名气更大了，坐拥金山银山，买得起巨大的别墅、豪车，昂贵的地毯和金银珠宝，我们的人生就更上一层楼了。和许多人一样，我曾在人生中的某个时刻跌入了这番言论的陷阱，以为只要可以实现上述的目标，一切问题都将迎刃而解。这个定义到今天依然影响着许多人。在最初步的阶段，他人的认可和承认的确能给人一种自豪感。

但是，现在是时候为自己量身打造一个对成功的定义了。你可以过上 72 变的人生，游刃有余地利用各种不同的方式经营业务和赚钱。我就是一个斜杠人士，或许，我不像普通人想象中的那样，每天出入高端的摩天大厦，穿过大理石铺筑的大厅，光鲜亮丽地坐在办公桌前。但是，斜杠职业意味着成功必须由自己定义，你不能直接拿自己的一切与他人相比。个体突围要求你开创自己的道路，朝着一个方向坚定前行。你的职业道路将和别人截然不同，即使你们有相同的工作。但你的职业只能专属于你。

人们对成功的定义还存在许多根深蒂固的偏见。我必须重新审视这些定义，质疑这些定义，而不是随波逐流。这是我对成功的定义吗？我需要问自己。我希望过上什么样的生活？在一些再平凡不过的时刻，我也能体会到成功感，因为我顺利完成了当天的工作，没有什么了不得的戏剧化事件发生，不过是躺在沙发上悠闲地喝了杯茶。当我得到丰厚的薪酬时，我也有成就感。成功的定义是多元化的，不同的职业身份适用不同的定义。我们需要独立思考，而不是盲目追逐社交媒体或传统媒体灌输给我们的华丽想象。

无论是对家庭、朋友、同龄人或网上的陌生人，针对性地界定对成功的不同适用定义是完全没问题的。例如，最近，我在自己的播客节目上邀请了一位嘉宾，在大多数节目里，我通常会邀请三位来自不同领域的嘉宾，因为我喜欢和新朋友聊天，认识新朋友并且采访一些以前从未见识过的人。最近，我收到了一封邮件，信中提出的建议刹那间填满了我的脑海，邮件写道：

亲爱的艾玛：

我想向你的播客节目提一个建议。我们觉得你应该采访 X，因为他是一名事业有成、富甲一方的商人，26 岁就退休了。你会想听一听他是如何做到这么年轻就退休的吗？

一开始，我并没有看懂这封信，它让我感到不解。这就是写信之人对成功的定义吗？工作，然后可以提前退休？这不符合我对成功的定义。每一天，我们都在痛饮和向他人推销成功鸡汤。不断有人跑来告诉我们，成功要趁早。但是，没有人可以永葆青春。如果执着于在职场上永葆青春，那么，你永远不可能获得成功。我是否想要给成功抹上一层光鲜亮丽和浪漫的色彩？我没有兴趣讨论寿命长短，因为人生始终充满曲折起伏，工作也不会一成不变。把握平衡、履行责任，保持积极心态，享受生活。工作适量，不宜过劳。

当然，人总有一天（我希望）会退休的！在大企业里的职位和提前退休并不是我对成功的定义（虽然是大众约定俗成的），因此，我认为有必要重新思考成功的定义，先确保这些定义是管用的，然后再追求这些成功。每一个人对成功的定义都是独一无二的。我心里明白，自己想要的是一种合适的生活方式，而不是循规蹈矩，沿着传统的职场晋升阶梯一级一级向上爬，按部就班。倘若是这样，到最后，我一定会感觉若有所失。我希望在努力的道路上，自己也能获得乐趣、满足感。我希望享受工作、享受挑战、享受创造、享受职业发展和飞速跨越的旅途过程，想要过自己的生活。

在《向前一步》（*Lean In*）中，舍里尔·桑德伯格（*Sheryl Sandberg*）轻佻地把职业阶梯称作攀爬架（*jungle gym*）。本质上，职业阶梯不过是沿着新角色向上攀爬的过程，营销趋势分析机构比特（*BITE*）的执行主编卡拉·梅尔彻（*Kara Melchers*）曾说：

“爬梯子不是实现目标的唯一方式。在我看来，它更像是攀爬架，包括滑梯、绳索等设备，只要你享受过程，就不会迷失方向。”

幸运的是，现在，人们不会再认为改变工作方法、尝试新鲜事物是个错误。我还记得在以前的公司，我的老板建议，每一份工作至少要坚持 2 年，否则，下一家公司会认为你不靠谱。现在，我觉得这话不对。如果你想要留在一家公司，也可以采取非常规的方法取巧。

盖 · 伯杰（*Guy Berger*）在领英（*LinkedIn*）上发表了一篇名为《如何成为领导者》（*How to Become an Executive*）的文章，分析了人们抵达职业生涯巅峰、在各自领域取得成功的不同途径。领英从全球 45.9 万名会员的资料中提取数据，这些会员都是在大型咨询公司工作 20 年以上的高级别管理者。研究结果显示，比起那些只在一个岗位或一个部门工作过的同事，在同一间公司的不同部门工作过的员工占据着压倒性优势。这也说明，具有适应性、能承担各类不同性质的工作、有更多技能的职场人士具有更大优势。

重要的是，我们需要更新观念，需要意识到与传统的职业阶梯相比，曲折的攀登道路并不是一条次优的路径。《突破四分之一人生：创造你的路径，寻找有意义的工作，打造与众不同的人生（*The Quarter-Life Breakthrough : Invent Your Own Path, Find Meaningful Work, and Build a Life That matters* ）》的作者亚当 · 斯迈利 · 波沃斯基（*Adam Smiley Poswolsky*）在接受《魅力》（*Glamour*）杂志专访时说：

“科技变化日新月异，人们不能指望靠某个固定的工作或某家公司过一辈子。把你的职业空间想象成一池睡莲，这些睡莲散落在池塘四处，但是，你不需要每半年就换一次工作，去寻求下一朵睡莲，为了保持竞争力，你需要首先精通某一技能，然后继续精通另一项，然后领悟出这些技能的共通点，为公司创造更大价值。”

我始终不明白，为什么在许多人眼里，“万事通”是一个不礼貌的称呼。因为，如今越来越显而易见的趋势是，随着个人的成长和职业的发展，一份写满多元化技能的简历能够脱颖而出。

“励志鸡汤”的兴起

如果你曾经听过一些听起来拗口的励志引言，或者在图片上看到摆着大理石餐桌、天鹅绒贵妃椅的办公室，它们就可以被称作励志鸡汤。人们用成功鸡汤文哗众取宠，刺激观者的欲望，尽力博得关注，到最后却是一场空。在图片上，符号“#”之后添加的精修美图有千千万万，这种趋势还将继续。我最厌恶的工作鸡汤文之一就是，有人发文称：“宁可 24 小时忙碌，也不朝九晚五”，这段文字在品趣思（*Pinterest*）上被大量转发和分享。

分享 24 小时忙碌的工作体验百害而无一利，马不停蹄的工作并不会增加快乐感。我们不应该把选择极端化（例如，朝九晚五 = 固定的工作时间 VS 自由职业 = 全天候工作）。朝九晚五和全天候工作之间存在折中的空间。你可以创造出属于自己的工作效率。

20 世纪 50 年代，位于角落的经理办公室是鸡汤的典型标志，90 年代，鸡汤文演化成史蒂夫·乔布斯（*Steve Jobs*）的名言，到了 2018 年，鸡汤文继续摇身一变，成为图片上的 # 女孩老板（*GirlBoss*），这些掌控商业帝国的年轻企业家无一例外地躺在巴厘岛的沙滩上，正使用苹果电脑在社交媒体上发文。虽然科技让我们得以进入更多的互联网平台，开创出属于自己的副业，但每一天，我们无不受到这类鸡汤文的轰炸：成功地教育子女、成功地确定搬迁吉日、成功地升迁、成功地获得爱情、成功地完成购物之旅。陌生人的生活淹没了我们的生活。至少是别人朋友圈里的生活淹没了我们自己的生活，即使别人晒出的只是生活的一小部分。即使互联网为职业发展带来了积极的帮助，同时也让我们感觉到，自己不如别人那么成功。上一秒，我们还觉得自己过得尚可，下一秒，心情就急转直下，陷入攀比的绝望模式中。

网络世界呈现出数不尽的人生百态，分析无数成功经验，我们根据自己在网上所见到的一切做出生活中的选择。现在，影响我们的因素太多了。科技本来是我们主动选择的对象，如今却成了避之唯恐不及的对象。当前，人们在数不清的网络平台上发布自己的成功人生故事（尽管重点模棱两可），分享获得成功的途径。我们滑动鼠标，浏览他人的生活，于是受到影响，改变了自己的想法，扰乱了真实的内心感受。2006 年，以下事物都还尚未发明，但足以证明世界的变化之快：

· 苹果手机（及其应用！）

· 4G

· 安卓系统

· 瓦次艾普（*WhatsApp*）

· 网飞公司（*Netflix*）

· 比特币

· 图片

· 优步专车

· 色拉布（*Snapchat*）

· 声田（*Spotify*）

· 募资网（*Kickstarter*）

名单未完待续。信息洪流裹挟着我们。慢下来，静下心来，不仅对于我们的精神健康和身体健康都十分重要，而且也使我们既见树木，又见森林。你在追逐的究竟是自己的“成功”，还是别人的“成功”？重新规划属于自己的成功，就趁现在。

告别“打工者思维”

出于各种原因，工作能够激发人的情绪。工作能影响我们的心情，影响我们对自我价值的判断，在某些时候甚至能影响我们的健康。不是人人都热爱自己的工作。事实上，如果你热爱工作，你就是个特例了。调研机构“怪兽”（*Monster*）的问卷调查结果显示，76% 的员工在周日情绪低落，因为周一的脚步越来越近。如果你热爱自己的工作，你就是个幸运儿了，但是，即使从事自己热爱的工作，也免不了做出一些牺牲，包括很低的起薪、免费打工或“暴露”在众目睽睽之下，面对来自办公室各个角落的竞争。为了“做自己喜爱的工作”，你需要降低工作中的安全感，勇敢地面对动荡、承担风险。

最近，我和几位朋友聊了聊天，我们认为，有时候，想成为一个享受工作的人真是件不容易的事。如果你确定自己热爱工作，你的朋友们却不喜欢他们的工作，那么，你和朋友之间的关系也会显得别扭。或许，你曾与一些朋友有过不愉快的谈话，他们虽然对工作不满意，但也不愿轻易冒险或在过渡期内接受低薪的工作。

当我进入职场时，我有些嫉妒那些当律师、招聘专员的朋友，进入职场以来，他们即享受着高薪、奢华假期和豪华酒店，而与此同时，我正领着 1.1 万英镑的年薪，努力地进入一个自己喜爱却收入偏低的行业。但是，我很快意识到，拿自己和他人相比是浪费时间，因为每一个人做出的决定，从一开始就是不同的。

人很容易产生挫败感。刚开始工作时，特权关系、裙带关系都让人难以接受。这些问题的确复杂，它们影响面广泛，却在一时之间难以解决。因此，我们更需要了解科技和工作的未来趋势，这样一来，我们就可以对眼前的障碍有更多的了解，无论自己的背景或起跑线如何，都可以战胜这些困难。例如，过去，招聘专员会根据简历上的背景信息，手动筛选出合适的人选。现在，简历已经过时，只要用谷歌一搜，你的副业、负责过的项目或你的个人主页都会显示出来，帮助你应聘工作。凯业必达招聘网（*CareerBuilder*）的问卷调查结果显示，在确定入职人选时，70% 的招聘专员会通过社交媒体了解候选人的更多信息。这个做法甚至有了专门的名称，即“社交招聘”（*social recruiting*），平均每 10 家招聘企业中，有一家会认真地浏览求职者在网络上发布的个人信息，根据网络上公开的信息寻找令人耳目一新、兴奋不已的求职者。

过去，不是每一个人都相信，借助科技的力量实现自我教育、自我赋权，同时学习在互联网世界脱颖而出是一件靠谱的事。现在相较于以前，我们的存在感更强了。例如，播客的再度兴起意味着即便一档节目没有数百万听众，也至少影响了数千位听众，他们会听到节目中的新意见、新创意，观众不再需要亲自跑到广播电台里去听节目了。能与观众直接对话的感觉真好。

从某种程度而言，互联网促进了公平

· 每一个人都可以利用现成的手段开启一门新的事业，自主决定在副业上投入多少时间

· 每一个人都有自己的观众并与他们交流，新媒体与传统媒体针锋相对

· 实施弹性工作制的企业能让新父母们在家创业

· 整体而言，大多数家庭都可以使用到最新的技术和工具

· 在一个急剧变化的时代，公司和客户都愿意利用具有潜力的新创意，并为之承担风险

· 个人出品的音频节目增加。例如，470 万英国成年人表示收听过播客节目。

认可自己的能力

调查结果表明，我们的职业生涯过得并不愉快。伦敦商业金融学院（*London School of Business and Finance*）开展的一项调查表明，人们难以接受这一赤裸裸的现实。人力资源网站 *HRReview.co.uk* 的研究结果显示，如果员工突然离职，那么，企业将支付大量的费用用于培训新人，具体地说，企业需要在每个员工身上平均榨取 3.0614 英镑的劳动价值。于是，我们才意识到，我们有必要培养全方位的兴趣，如果企业能够增加工作弹性，让员工更加愉快地工作，更加热爱自己的工作，那么，不仅我们可以帮企业节省这笔钱，同时，自身也获得更多的机会，以实现个人和职业的成长。

斜杠职业意味着利用感兴趣或擅长的技能，创造专属于自己的职业版图。我们需要反思和分析自己的喜好、擅长之处，可以继续锻炼的技能，什么可以通过网络宣传，什么可以推销售卖。我们中的许多人都适合斜杠生活方式，因为我们正在将一生只能

有一种生活方式的想法抛诸脑后。互联网让我们过上了双重人生，虚拟世界上的那个令人印象深刻的自己将带来更多机会。现在最重要的是着手打造线上和线下的双重职业人生了。

内维尔·霍布森（*Neville Hobson*）在他的个人主页 *Neville Hobson.com* 上做出了很好的总结：“在一个岗位快速更新换代的时代，自我价值感代替了身份认同感。我们失去了职业身份，因为职业状态已经不合时宜，我们需要从其他渠道寻找自我价值感。

先有“职业”，然后才能定义“成功”，过去，成功指员工待在办公室的时长，还有昂贵的套装、柔顺的秀发、活泼的个性和不菲的收入。然而，如今的成功不再有一刀切的定义，这是前所未有的突破。互联网让我们有能力探索性格和兴趣中的未知潜力。占有的财富越多，财富的意义也流失得越多，我们拥有的不如想象中多。我们用物质填充网络上的生活，物质财富的多寡不再成为判断成功与否的黄金标准，人们对经历和记忆（这两者都不能通过开会获得）的重视超过了物质财富。研究结果显示，在接下来的 5 年，英国的千禧一代将增加旅游开支、积累人生阅历，而不是购车购房或偿还债务。

互联网让我们保持独立、维持生活热情和兴趣，寻找志同道合的朋友圈，同时，网络也成为流行词汇和新趋势的制造工厂，尽管这个工厂所生产的产品中，有些只是昙花一现，不成气候。在网络中，总有一些“酷毙了”的事物迅速流行，人们总是会争先恐后地搭上流行的顺风车。例如，洁净饮食（*clean-eating*）或偏激的电子产品排毒（*digital detoxing*）概念正在网络这个虚拟世界上横行，人们会困惑，搞不清楚自己真正想要什么，什么才能真正让我们开心。于是，当我们看到别人获得社会认可时，我们开始随波逐流，对流行趋势趋之若鹜。这样一来，社交媒体立刻变得喧闹嘈杂，我们向往着“成功”人士的生活，却无法得知要过上那样的生活，需要我们具备哪些条件，或者通过哪些努力才可以让自己过上那样的生活。我们看到，人们带薪环游世界，但是，他们为此做出了哪些牺牲？他们的日常工作是什么样的？旅行时的薪酬如何界定？在照片墙上，我们无法得知这些背景信息。我们受到了迷惑，认为别人的成功轻而易举，自己则因为无法获得更大的成就而自卑气馁，而不是着手努力，去追求自己的成功。社交媒体上的人际关系过于肤浅，人们只是互相点赞和恭维，而不是彼此分享资源。

过去，我们的社会文化对成功的定义是：如果我是个孩子，要有擅长的学科，考试得高分，考上好学校，找到稳定的工作，获得晋升，不断升职，赚到更多的钱，工作专心投入，结婚生子，退休，领养老金，死亡（有趣）。

《办公室》（*The Office*）里，里基·热尔韦（*Ricky Gervais*）饰演的角色名叫大卫·布伦特（*David Brent*），他有句台词：“你长大了，工作了半个世纪，得到一笔丰厚的遣散费，休息了几年，然后入土为安。”

长大成人之后，我们的脑海中已经勾勒出了自己未来的形象。在学校里，老师告诉大多数学生，无论是在家庭还是职场，要实现目标，要有野心。近几十年以来，女性不断被灌输“要拥有一切”

的观念。将成功直接与野心挂钩是很危险的。我的朋友们承认（就像偷偷地说着什么不可告人的秘密），在工作上，她们并没有传统意义上的野心。没有野心并非是件坏事。我观察过她们的生活，虽然与我的大相径庭（有小孩、花园和更多的闲暇时间），我想，她们也是花了很长时间，费了很大力气，才终于找到属于自己的成功的吧，这正是她们的了不起之处。

现在，女性在职场上的能力已经广受认可（哇哦，谢天谢地！）。但是，我们不能忘记，有能力争取同等机会不等于想获得这些机会。英国女性的时薪比男性少22.6%，无论如何，金钱都会是衡量成功与否的标准之一，人们对于金钱的渴求永无止境。办公室不再是员工获得成就感和满足感的唯一渠道，女性员工更容易产生这种观念，于是，企业以此为借口，支付女性员工较低的薪酬。我不会允许任何人以此为借口，支付给我更少的薪酬，他们怎么能主观地认为，女性能找到工作本身已经能够带来充分的成就感？人们以为在从事看护类工作时，女性比男性更容易产生幸福感，但女性也需要、也值得获得相应的酬劳。经合组织官方网站*OECD.org*公布的调查研究显示，全世界女性花费在看护类工作上的时间投入是男性的2至10倍，却没有因这些额外的工作量而获得报酬。一些女性并不会设定野心勃勃的目标，一些男性也不会如此。每一个人想要的东西不一样，这很正常。但是，我们不应该因性别而受到刻板印象的限制，认为我们只能从事某些职业或只能做出某些决策。每一个人对成功的感受各不相同。

过上适合自己的生活方式

从某些角度看，我们是社会上的幸运儿。如果穿越回 19 世纪，我们一定会成为工厂里的奴隶，我们的性别和家庭背景决定了工作时长（小时数）。现在，我们能够替自己做主，追求自己的发展道路，利用科技和互联网拓展职业边界，这也意味着，我们的工作不再需要耗费那么多的体力了。

传统的办公室环境也是工业革命时代的幽魂。白天，人们需要聚集在同一个空间，和同事对话，使用笨重的生产设备。即使是看起来很现代化的办公环境，实质上也并不现代化。播客节目《汇报》（*The Debrief*）认为，开放式办公室最早起源于 20 世纪 50 年代的德国。

开放式办公室的理念源于野兽派设计师弗兰克（*Frank Lloyd Wright*）。这个理念在全球的商业空间都得到了应用。人们把它视作企业及员工梦想中的工作环境。然而，半个世纪之后，人们开始质疑，开放式办公室（*office landscape*）是否真的适合办公。

开放式办公室制造了弹性办公的虚伪幻想（办公桌轮用制），从科技利用的角度看，我们需要相应地牺牲生活其他方面的乐趣。职场依旧永远忙碌。面对面的沟通对于构建人际关系依然十分重要，但我们身上的束缚还是太多了。 不是所有人都觉得，一成不变的办公室环境不一定有助于提高效率，人们也常常忽略这一点。在一项问卷调查中，58% 的高绩效员工认为，自己需要更安静的工作环境。加拿大人寿保险公司（*Canada Life Group Insurance*）的另一项调查显示，与在家办公的员工相比，在开放式办公环境的员工休的病假天数多了 70%。

进行研究时，我看到《赫芬顿邮报》（*Ten Huffington Post*）上的一篇文章认为，在当下的职场，如果我们迟到一小时，还是有可能被炒鱿鱼的。这看起来有些残酷，难道不是吗？很明显，如果你感觉自己快要迟到了，你必须告知同事一声，但这也是一个很好的例子，生动地展现了以坐班时长为唯一标准的僵化思维，这种思维会消耗我们的经历，消磨我们的幸福感，扰乱我们的生活方式。文章还举了米歇尔 · 爱德华兹（*Michelle Edwards*）的研究案例，米歇尔认为，“她打了个电话，告知老板自己会迟到一小时，因为需要照顾刚做完手术的母亲。”但是，爱德华兹对雇主“领先临时工公司”（*Advanced Temporaries Inc.*）提起的诉讼文件显示，老板早在接到电话前就以“无电话告知，缺勤”而辞退了她。

既然在传统的办公环境中，我们可以在任何地点、借助弹性办公的辅助工具完成工作，也可以在办公室以外的场合弥补缺勤时间，那么，为什么迟到一会儿就是不可原谅的职场犯罪？即使不在办公室，我们在其他地方，也可以轻松地腾出时间完成工作。当然，毫无缘由的迟到和不允许员工获得弹性的上班时间不可混为一谈，但是，普遍而言，旧规矩成了阻碍，我们无法发挥出自己的潜能，充分灵活地使用时间，因此，工作效率并未得到实质性的提升。

另一个历史遗留问题就是职场的自我牺牲。职场牺牲者指的在办公桌前坐到夜里 10 点，却无所事事，也可能只是打开视频网站“油管（*YouTube*）”看视频而已，但是，这位员工却会成天抱怨自己加班到深夜，工作忙得不可开交。在办公室耗到夜里 11 点的确是件辛苦的事。（我就曾经历过！）这也被称为出勤主义，其定义是“员工的出勤时间超过规定的时间。”我认为，一个有所成就的工作日正好是截然相反的，也就是，花最少的时间圆满地完成工作。

观察不同社会环境和不同文化中的职场牺牲者是件有趣的事。例如，日本劳工部数据显示，只有极少数的职员能够享受完整的假期。韩国的企业文化鼓励员工每周至少与同事喝酒、聚餐两次。由于这种社交需求，韩国人平均每周喝下 14 杯烈酒。在荷兰，如果你加班到很晚，就会招致其他同事的白眼。在那儿，你的朋友们不会认为，哇哦，你工作真努力，对工作干劲十足。他们心里想的是，你到底哪里出了问题？或者，如果你加班到很晚，说明你对工作并不擅长。在英国，许多人都是天生的工作狂，他们认为，加班到夜深能获得老板的赞赏。范罗士（*Fellowes*）的调查显示，在英国，一半以上的员工带病上班，这就是出勤主义最糟糕的表现。在美国，情况更糟。美国旅游协会（*U.S. Travel Association*）的问卷调查结果显示，41% 的美国人没有享受过完整的带薪休假，这个结果令人担忧。每一种文化对成功有着不同的定义，有时候，生活在其中的人们不知不觉地遵从这些标准。我们想让同事和周围的人认为自己是“成功的”。个人主义的兴起伴随着批评，但是，个人主义倾向（不仅在西方国家，而是在全球范围内）的出现至少说明员工对自己内心的想法更重视了，认为对个人价值的实现比外界评价重要。

成功的僵化定义早已过时。在这本书里，我提出了成功的其他定义，即拥有多种职业或兴趣，过上平衡而充实的生活。互联网已经为我们提供出了许多不同的方式，却没有一种能够助你通往梦想的职业场景。无论职场文化是如何根深蒂固，我们不需要遵从对成功的传统定义，一辈子只做一份工作。我们不是非得选择一个令人眼红的职业，然后坚持一辈子。我们可以打造自己的职业组合。我们可以有多项副业，为自己打造多种身份，决定自己的生活方式。我们可以远离仓鼠滚轮。如果我们无法总结自己最拿手的工作，无法在晚宴上用自己的职业称呼令人刮目相看，无法满足成功的传统定义，都没关系。我们只需要过上适合自己的生活方式。

开启不设限的人生

我回忆起年少无知时，自己给成功下的定义。它绝不是考试成绩、分数或小星星。我想，当时自己只是懒，只想做最少量的工作，蒙混过关就知足了。我对“刚刚好”的艺术掌握得炉火纯青。我从不在乎学术成绩或老师的表扬。我也从没拿过第一名，从没获得过金星奖彰、证书或奖杯，但是，从积极的角度看，这也意味着，我既没有焦虑，也没有压力去维持某些特殊称谓。一旦你成功了，你便面临着维持成功的压力。为什么有那么多著名的青年演员行为越轨，原因就在于他们一夜成名，却又因一着不慎而身败名裂，他们认为自己失去了原本属于自己的东西。在儿时的我眼里，一个人如果在某些方面表现平庸，他人就不会对自己抱有过高的期待。如果你抬高了他人的期待值，那么往后，你一定会让某些人失望。事实证明，缺乏竞争力是蒙混过关、减少焦虑感的最简单方式。当年，我积极地逃避课堂上的竞争，因此长期保持着愉快的心情，维持着良好的人际关系。玩棋盘游戏时，我也是抱着这种心态。在玩《大富翁》（*Monopoly*）时，我也见过有些人干劲十足，好胜心强烈，赢走了大量财富，但是最后，他们赢走的不过是我的一美元而已。我完全不在乎。

当我逐渐长大，成为青年，我开始扩展成功的内涵，人际关系成为我的准则。这与聪明无关，而是需要获得最大多数人的关注。如果有名人坐在我身旁，和我分享最后一块罗洛（*Rolo*）糖果，或挑选我加入他们的运动队，我就会激动不已，欢快地小跑回家。社交生活总能带给我成就感。如果我被邀请参加一场酷炫的派对，我就不禁骄傲自满，如果有长辈或者帅气的男生递给我一支香烟，我简直开心地像中了彩票。从某种程度上而言，这也属于是我自己对成功下的定义。当我开始工作时，如果周围都是善良有趣的同事或数十年如一日的老朋友，我会觉得自己很成功了。

21岁时，我来到了伦敦打拼。伦敦是全世界生活成本最高的城市之一，我很高兴自己能够在这座城市安身立命。我的梦想是成为一名作家，但需要熬时间。于是，我想先找一份工作维持生活，只要能够按时下班回家就好。这就足够了。但是，现实总有意外。

我的副业和博客开始受到关注，人们邀请我参加各种聚会，人们告诉我，我是个成功人士。在别人的眼里，我被视为一个成功者（不一定是自己所认为的成功），这种感觉也是能让人上瘾的。按照社会的（通常是肤浅的）标准和借助互联网取得成功，你就是成功的。无数的点赞和留言评论巩固了我们的形象。我们明白，博得网友关注的期盼心情就像多巴胺一样令人上瘾。点赞和评论带来的快感不亚于性爱、毒药和温暖的拥抱。久而久之，我沉迷于网友们对显而易见的个人成功的热情反馈。我没有与任何人竞争，我只和自己赛跑。我要求自己和最近的一次成功结果竞争，于是，你开始瞎忙活，追求不切实际的目标，让自己精疲力竭。

快进到现在，成功对我而言，究竟是什么？

有人说，成功就是拥有足够的时间弹性，你可以在周三偷闲去剧院观看午后场戏剧。对我而言，自由很重要。人们期待获得自由感，哪怕工作报酬不高。2015年8月，求职网站“弹性工作”（*FlexJobs*）对2,600名办公室员工开展的调查显示，大多数被调查者更愿意在办公室以外的地方完成最重要的工作。

当我回顾自己的经历，想到身边的好友伙伴们时，内心的成就感油然而生。我获得了数十年如一日的友谊。我有时间经营自己的社交关系，同时不耽误其他工作，我有时间旅行、有时间午休，也有足够的金钱维持生存。

长大成人后，我把自己曾经错过的技能，例如获得弹性更大的工作、有自己的副业、有多元丰富的职业身份和个人身份，能够利用好所有这些技能等都被我列入了成功的定义词典里。从表面看，成功可以是件小事，但是从个人的角度看，成就感是无比强烈的。个体突围是开阔视野的新方法，它让我们摆脱束缚，我们每一个人都能够意识到，在这个世界上，自己可以成为一个多面手。

对你而言，什么是成功？

成功。这个词囊括了太多不同的含义，创意、下意识的先入为主。成功的定义仍然是我们被动接受的那些吗？我们如何夺回主动权，精准地定义出属于自己的成功？在写下你自己的定义时，阅读其他人的观点或许能有所启发。对我而言，成功是……

洛蒂（*LOTTIE*），公关经理（千禧一代）

“受到信赖和尊重，工作受到认可。做个可靠的人（与可靠的人共事，从事令人激动的工作项目）。无论任何工作，只要能享受工作、达成目标就满足了。我不会从事自认为不靠谱或不感兴趣的工作。”

安娜（*ANA*），杂志编辑（X一代）

“这几年来，成功的定义有了许多变化。我不清楚这和年龄渐长是否有关系（但愿能变得更聪明吧……），生一个女儿、在各个城市间做空中飞人、在全世界有十几套房产、成为一名国际知名的记者、过着光鲜亮丽的生活，这些都不再是我对成功的定义了。成功是关注工作本身，你在工作上花费的时间、赚到的钱，都曾是成功的衡量标准，这些全是以你为中心设定的。现在，我的价值观改变了。成功不全是关于工作，还有一些超越自我的内涵。工作上，我重视对团队的培养，我关心自己正在做的事，我是否实现了一些不一样的价值？有时候，无论我做的事情有多么琐碎，成功就是遵从自己的价值观，有活下去的勇气。”

萨拉（*SARA*）临终关怀辅导顾问－面包店老板（婴儿潮时期出生）

“对我而言，成功就是从事有意义的带薪工作，我可以自主决定工作方式。成功还包括社会的认可和专业的同行们的尊重。我想获得足够多的收入，这样，我就不需要为钱财担忧，我还能偶尔犒劳自己。我想要提升自己，学习更多知识。成功对我来说不是终点，而是需要维持的一种状态。”

娜塔莉（*NATALIA*），视觉艺术家（千禧一代）

“我花了很长时间对自己进行定位（到现在依然在挣扎），当我自信地做出工作和生活上的决定，不顾周遭人的嘈杂意见，执行自己的想法时，我从内心深处产生成功感，与他人的夸奖无关。因此，只要我乐意接受自己做出的选择，接受最终的结果，我觉得就是成功。”

索菲（*SOPHIE*），产品内容经理（千禧一代）

“我已经换了 4 份工作（新闻，临床心理学，慈善 / 数据，播客！），这个问题我想了很长一段时间。我还年轻时，认为成功与社会认可相关，（比如，人们能在报纸上看到你的姓名）。随着年龄渐长，我明白，无论是什么工作，成功关乎自己的快乐感，享受自己现在所做的工作。”

艾利克斯（*ALEX*），餐饮业 – 企业创始人（X 一代）

“成功意味着保持工作和生活的平衡，让我有充足的精力和激情经营事业。我还觉得，成功和做生意一样简单！餐饮业的工作向来辛苦，只要我还有生意可做，能够赚到钱，我觉得自己就是成功的！（害羞脸红！）”

乔吉（GEORGIE），房地产经理（千禧一代）

“哇哦，这很难精确地说明白。成功就是不断地挑战不可能，既包括个人，也包括社会对我这个年纪 / 女性（！）定下的成功标准。比其他人用更快的时间晋升到管理职位，比其他经理 / 总监更年轻，在一个男性占主导的行业内通过公平竞争不断地升职，实现财务安全感和个人幸福感、对自己的职业感到骄傲、尊重周围的人。”

莉齐（*LIZZIE*），游动自由职业者联盟（*The Hoxby Collective*）创始人（X一代）

“热爱工作，无论何时，都坚持自己的工作风格。我深信每一个人都对工作和生活中的一切事务心怀热情，无论是工作，家庭还是业余爱好。我认为，在工作中获得成就感的人（也更有效率）能组成一个更快乐的社会，人们应该不断反思和自问自己的工作内容、工作方式，直到真正地感到快乐。改变永远不晚。每一个人都有能力平衡好生活和工作。”

雷切尔（*RACHEL*），猎头公司人才工作室（*Talent Atelier*）创始人（千禧一代）

“有时间好好地反思自己取得的成就，如果我只是不停歇地工作，从不回顾过去，那么，就不可能获得成功。成功可以有许多不同的形式，但是，除非有人提醒我，否则我根本没有意识到自己已经取得了一些成绩，这着实显得可笑。”人们说，“嘿，你自己当了老板，有了自己的员工，这太酷了”，我坐在那儿，回答道，“哦，太好了！”成功如芒刺在背，如果你是商人，你会妄自菲薄，也可能无法接受自己的成就。可能有那么一秒钟，你会感到快乐，但是，你很快就会投入下一件事……”

凯特（*KATE*），作家，《友谊疗法（暂译名）》（*The Friendship Cure*）（千禧一代）

“最近，我一直在想这个问题，10年以前，发现自己不太在乎成功的定义是怎么得出的。我调整了自己的野心，以前，我对成功的定义有着形象鲜明的经典标签，例如，在电视台 / 电台干着令人羡慕的工作，现在，成功是更加私人化的定义，例如，干一份很酷的工作能让我备受鼓舞。现在，我追求的是更加朴素务实的、理性的、更加关乎快乐和创造力而不是大场面的成功。现在，对我而言，成功是和我尊重的了不起的人交往，做自己感兴趣的工作，向往有意思也能长久做下去的职业（而不是快速地找到一家大企业的工作）。实际上，我开始认识到，我还会工作几十年时间，成功不会轻易到来，成功更关乎持续地做了不起的事情。”

格蕾丝（*GRACE*），纪录片制作人 – 领军人物（Z 世代）

“这真的取决于我当下的情绪和安全感。有时候，如果在生理上都感觉舒适，在生活中的大部分时候，我能和相处愉快的人一起工作，我就是成功的。当我情绪低落，恐惧死亡时，与周围的人们比较时，我觉得只有颁给我一座奥斯卡奖杯和英国电影电视艺术学院奖，才能恢复我对自己的信心。”

利夫（*LIV*），作家 – 博主（Z 世代）

“最终能够获得快乐感和满足感。不因职业而感到沮丧，能够养家糊口，没有生存压力。这也意味着打造自己专属的职业路径，在一个充满创意的行业内工作。曾经，成功只是一些数字和与别人攀比，但是，随着年龄渐长，我更容易体会到什么能够真正地带给我快乐感、满足感和成就感。”

练习

你对成功的定义是什么？写下儿童时期、少年时期、成年时期你对成功的定义，观察它们是如何演变的。哪些定义需要改变，哪些定义已经发生了改变？在你的快乐感和满足感中，哪些因素的分量发生了变化？你删除了哪些定义？生活中有哪些事带给你最大的成就感？原因是什么？

另一项有效的练习是，在纸上写下那些看起来很美却与自己关系不大的事物名单。用线段对不同的成功种类做出区分。

弄明白自己对成功的定义，然后记录下来，这个过程有助于强化你自身对定义的认可，而不是随波逐流，追求别人眼里的成功。这意味着你有自己的见解,如果你不愿意与他人分享,那就不必分享。这样你就不太可能与别人比较,因为别人也在追寻自己定义的成功，你为实现自己的目标而采取的行动也可能和别人是完全不同的。

制作一张饼状图

如下图，在图中填入能让自己产生平衡感的事物名称，将它保留几个星期或几个月。某一天，当你躺在床上，回想着“今天真是美好的一天”时，就可以记录下当天做过哪些事。你或许会感到惊讶，因为那天你所做过的事微不足道或仅仅完成很小的工作量。例如烹调一顿美味佳肴，赶在截止日期前完成任务，恰好买到符合对方心意的生日礼物，有时间专注自己的兴趣爱好或老板给自己加薪了。无论是什么，都将它们记录下来。关键在于记录下让你感到由衷地开心的事物，注意，不仅仅是那些在纸面上“看起来很美好”的事物。然后将这些事情归类分组（例如，如果多次提到有很多休闲时光，那么可以将其归纳为“旅游”），根据它们对自己的重要程度，划分出各自的比重。

把饼状图贴在你的桌面上、设置成常用电脑的桌面或记录在笔记本上，这样你就会时常记起它。每隔一年重新评估一次你的饼状图。你这些笔记能够让你清晰地回顾自己所取得的成绩，以及自己在行为方面做出的改变。

下图是我的饼状图（时刻对它做出修改，直到自己满意！）

我的成功

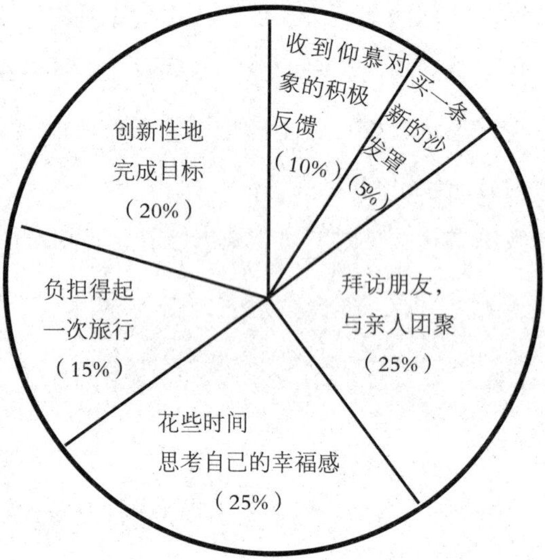
收到仰慕对象的积极反馈（10%）
买一条新的沙发罩（5%）
拜访朋友，与亲人团聚（25%）
花些时间思考自己的幸福感（25%）
负担得起一次旅行（15%）
创新性地完成目标（20%）

第2章

开启职场进阶之路

“生活的最大讽刺之一就是，每一代人都认为自己的经历是独一无二的。”

——约翰·毛莫尔丁（*John Mauldin*）

金融专家、《纽约时报》畅销书榜单作家

出生于不同年代的人总认为代际间的人际关系是疏远的。那么，打破刻板印象就成为当下急需应对的挑战。但是，改变很难。当我在电脑键盘上敲出这几个字的同时，刻板印象就可以立刻浮现在脑海。这是一种条件反射：年轻一代看似对我构成了威胁，年长一代看似更聪明，却不时地表现出浓厚的主观臆断。所以，根据一个人出生的年代而贴标签、划立场也是毫无道理的。

同一年代成长起来的人有着近乎相同的成长环境，所以，出生于同一年或年龄相差不到10岁的人之间存在一些共同的特性。毕竟，我们都是特定环境和经济的产物。

代际间的不同之处在哪里？我研究了不同年代的人的不同动机、出生年代对职业伦理观念的影响，以及他们对成功的定义。

概述

沉默的一代（1925–1945）

沉默的一代有着很浓厚的职业道德感，他们在工作场合唯命是从。理财网站 *TheBalance.com* 的调查显示，这一代人认为自己应该做到“视而不闻”。

他们有强烈的奉献精神，倾向于回避风险。大萧条、二战以及战后的经济繁荣影响了他们的价值观。培训机构美国管理协会（*Amanet*）认为，“他们默默无闻地为集体贡献力量、开展团队合作、重视人际关系和沟通能力。”

婴儿潮时期生人（1943-1964）

他们是二战后婴儿潮时期出生的人口。整体而言，这一代人的财务情况首次超越了父辈。*TheBalance.com* 的调查显示：“婴儿潮初期，学校爆满，大学的座位无法满足学生的需求，求职竞争激烈，结果，婴儿潮时期出生的年轻人学会了争取资源和追求成功。”与父辈相比，他们更乐于做出改变、思维活跃、不愿意亦步亦趋。“美国管理协会认为，和上一代人相比，他们更乐观，对变化的包容性更强，他们是‘自我的一代’（*Me Generation*）”，追求个人满足感。

X 世代（1961-1980）

这一代人的标签源自于道格拉斯·柯普兰（*Douglas Coupland*）的书《X 世代：速成文化的故事》（*Generation X : Tales For An Accelerated Culture*），千禧一代出生于互联网时代，X 世代则塑造了互联网时代。X 世代倾向于质疑权威，他们打造了工作和生活两不误的概念。这一代人出生时，人口增速正在下降，美国管理协会认为，他们具备强大的技能，比父辈更独立。

千禧一代（1982-2004 年）

美国管理协会认为，千禧一代或 Y 世代“是有全球视角的第一代人，他们成年于互联网快速发展和全球恐怖主义猖獗的年代。”早在青春期，他们就开始应用互联网，“20 世纪 90 年代，千禧一代受益于技术的进步，接受过编程教育，是当前教学程度最高的一代。”

Z 世代（2000-2014 年）

Z 世代还是职场新鲜人，但是，他们已经是互联网世界的老手了，无时无刻不泡在网上。他们很可能从事一些目前尚未发明的工作，他们很在乎设定人生目标，积极参与社会行动。创业网站 *enterprenuership.com* 认为，“与前几代人相比，他们更愿意接受外在环境、尊重环境。”

鲜明的代际差距

当我想到父母和我之间的差距时，我并没有觉得我们的生活有什么太大的不同。报告显示，目前，婴儿潮时期出生的人是对社交媒体适应最快的一代，但是，他们步入职场时，我的工作还没诞生，就业市场的变化太快了，所以我没有机会向他们寻求一些具体的建议，现在，他们已经退休了。我们上大学的方式也不同了（我的学费很贵，而父亲上大学是免费的），我们面临的房价也不同了。但从另一些方面看，相较于父亲和祖父之间的差距，父亲和我之间的差距要小得多。我和父亲几乎无话不谈，他精通科技，能发出指令，让亚马逊智能助手亚历克萨（*Alexa*）从智能音响索诺斯（*Sonos*）播放音乐，他了解我这一代人的琐碎烦恼，我们有很多共同语言。然而，我的父亲的父亲，也就是沉默的一代，他没有接受过真正的教育，早在 14 岁那年就离开学校，在一家肉铺工作，然后上了战场，他从来没有使用过电脑或手机。他的许多经历，是我永远无法体验的。

你或许会认为，代沟正在缩小。是否是因为使用类似的科技，我和父亲之间的共同语言更多了？第一代数字土著（即千禧一代）是否会与同样身为数字土著的子女更加亲近？这将会是历史上第一次，一代数字土著孕育了又一代的数字土著。我们在同样的世界里前行，但由于科技的飞速发展，代际差距依然不可避免。

数十年以来，自沉默的一代出生以来，职场结构始终没有太大变化。想一想沉默的一代和 Z 世代出生之间的这些年里，职场雷打不动，根本没有顺时而变，这简直不可思议。朝九晚五和出勤率比生产效率重要，它们向来被作为员工忠诚度的考量指标，这可是沉默的一代人的标签啊。我们和沉默的一代一样，把面对面沟通视为重中之重，在科技尚未发明的年代，这么想无可厚非。但是，如今的工作与当年的早已不可同日而语，年轻一代的我们，该如何面对职场的变化？

我们需要一个全新的职业体系和结构

任何一个体系，存在的时间过于悠久，就都会有宿醉反应（不是喝醉酒的那种），这是我们需要应对的。即使大规模变革已有时日，任何一个历史悠久的体系也难免有残留。这些残留会导致混乱和不适。千禧一代和年轻一代并不赞成职场的旧规矩，他们认为，随着科技和手段的快速更新换代，老规矩早已过时。步入职场之前，千禧一代就已经是使用新科技的老手，当他们感到无法运用十分熟悉的互联网专业知识来工作，而必须依赖系统、等级制度和代代相传的组织结构时，他们就会感到烦躁。千禧一代毕业于经济衰退时期，他们没有必要怀念美好的旧时光，他们生活的年代，印刷杂志还广受欢迎，音乐行业的硬拷贝依然畅销，繁华的商业街区是人们休闲的唯一选择，他们也并非固守一成不变的工作。或许，这也解释了为何他们具有更强的适应性，更愿意接纳新的方式、从零开始，因为他们并不怀旧，不怀念曾经安稳、波澜不惊的生活。但是，想改变工作环境、成为斜杠人士的人不仅仅只是千禧一代。

很难想象吧，如今的职场上，有五代人在同时工作，最小的年仅 17 岁，最大的已经 70 岁了。当然，在工作思维、职业经历和职业价值观等方面，大家既有共通之处，也存在不同意见。人们需要取长补短，而不是片面地根据出生年代评价一个人以及一个人对职场危机的敏感度。

我曾经就职的许多公司都设立了新媒体岗位，我曾管理过的一个小组里，组员的年龄比我大 5 到 10 岁不等，因此管理难度不小。我也遇到过年长我许多的老板，他们的不安全感令我震惊。我认为，没有人会对自己的职业抱有百分之百的安全感，我也逐渐明白，职场人士为什么始终有一股焦虑感。在一个小组里工作也是个不小的挑战，因为通常来说，大家是被随机地分配后组成一个小组。斜杠生活方式的一个特点是我可以自己选择和什么样的人合作，他们就职于不同的企业，专业各有所长，我可以和来自其他国家的人们共事，在共同办公空间里，我们可以交流意见，各取所长，酝酿出新的创意。

大规模的改革进展缓慢，职场只是诸多例子之一。改革既需要发生在职场的微观层面，又需要我们转变思想观念。当你呼吁改变自己的职业角色或职场环境时，无论改革的波及面是大是小，都难免招致白眼。在企业眼里，弹性工作制依旧是一种员工福利，而不是盈利措施。科技企业家、离婚类小程序“合意”（*Amicable*）的联合创始人皮普·威尔逊（*Pip Wilson*）曾经总结道：“我相信，当前，每个人都享受着有史以来最大工作弹性并制造出最大的工作效率。但是，社会观念也必须要转变。”如果初创企业和斜杠人士的数量不断增加，零工经济继续发展，我们就更加需要安全感，需要更多的政策确保每一个员工都能享受到职场带来的好处。这是更宏观的话题了。我们需要一个全新的职业体系和结构，而不是急于求成，粗暴地变革现有的体系。

代际迷思

乔治·奥威尔（*George Orwell*）曾说："每一代人都会认为自己比上一代人更有才华，比下一代人更有智慧。"我们都认为自己做的事情是正确的，但是，由于经济条件和生长环境的不同，人们彼此之间的观点也会略有不同。

我的父亲是埃克塞特市（*Exeter*）一家驾校的老板，他退休的那一年，办公室才刚开始普及电脑。他恰巧错过了办公联网化的时期。这真是谢天谢地！要让他突然放弃从数十年来早已习惯的纸质办公，一夜之间适应数字化办公，这个过程将多么枯燥和痛苦，何况他马上要退休了！但是现在，我们已经习惯了数字办公的实用性和高效率。我们已经不敢相信现在还会有人拒绝使用电脑办公了，但是，科技还在发展，电脑还算是个新鲜事物。我们对于电脑还不能说全盘精通。我们还在学习如何利用科技。我们还无法让生于各个年代的人都知道如何使用科技，了解我们正在使用的科技是如何发明、制造和应用于生活的。在一个员工年龄横跨多个年代的办公室里，观察这些员工是一件很有趣的事。可以发现，年轻人对企业缺乏忠诚度或不乐意遵守企业等级制度。旧时的职场体系目前依然在发挥着作用。但是，许多变革总在短时间内发生，企业假装与时俱进，实则不然。

是时候打破持续已久的迷思了。《不公平的标签（暂译名）》（*Unfairly Labeled*）作者杰西卡·克里格尔（*Jessica Kriegel*）说，“当下，我们的文化充斥着年代标签和成见，”现在，全国一共有8000万千禧一代，其中一些人已经是硅谷的CEO了，还有一些在中西部餐馆当服务员的非法移民”，克里格尔认为，“你不能把所有人一概而论。而我们正在做的事正好相反，把他们粗暴地归结为一类人，即中等收入、白皮肤的美国人，然后告诉别人，现在的千禧一代全是这副面孔。”杰西卡一语中的，她指出了我们应该如何评价他人，而不是想当然地认为某个年代出生的人必然有某些特点：“如何判断一个人是否节俭？如何知道一些人有拯救世界的雄心抱负？你是由父母带大的吗？你的姨母是不是把你宠坏了？你家里有书吗？你读的是好学校吗？”她说。“有一百万种因素影响着你的成长，当你长大成人时，那个试图囊括你的20年的人生的粗暴标签根本无法代表任何一个人。”

我们无法否认，当你出生时，还有一些更大的因素在发挥着作用。招聘与就业联合会（*Recruitment and Employment Confederation*）认为，“婴儿潮时期出生的人口占劳动力的比重下降，年轻一代人日益上升的影响力抵消了这一因素的负面影响。他们更加重视工作弹性，工作和生活之间的平衡和个人发展。”

如果正如调研所显示的，加入这些价值观对年轻人而言很重要，那么我们可以推测，在下一个 10 年，职场变革将加速。

或许，父辈给下一代贴上的标签才最能够体现出代际鸿沟的杀伤。例如，千禧一代要么“懒惰”，要么“有能力”，但我认为，这些说法都不公平。实际上，由于在沟通中没有把年轻职场人的渴望、需求和价值观结合考虑，才导致上一代产生了偏见。媒体常常把千禧一代写成“怕干活”或“经不起打击”，我觉得这些说法并不公平，千禧一代的目标更加务实，他们只不过想过上与父辈不同的生活。《泰晤士报》（*The Times*）曾采访了英格兰健康教育中心（*Health Education England*）首席执行官伊恩·卡明（*Ian Cumming*），他说，英国国家医疗服务体系（*NHS*）正面临护工短缺问题，原因之一就是千禧一代并不愿意从事全职工作，“如果英国国家医疗服务体系想要吸引和留住年轻人，就需要适应千禧一代的喜好。”千禧一代偏爱弹性工作，与其干一份全职工作，他们宁愿给自己留出更多元的选择。美国的新闻网站也刊登了这则报道，称警察局和消防局都出现了职员短缺，报道还认为，千禧一代要么想要有充分的弹性工作时间，要么频繁地更换工作。然而，我们不能因为工作习惯或工作理念的不同而责备千禧一代。工作制度本身也需要改革。我们应该思考的问题是：当各行各业的劳动力日益热衷于弹性工作，我们应如何适应这种新趋势？我们可以想一想，有朝一日全世界各个行业的一个普通工作日可以是什么样的？我们要如何利用科技和自动化技术来提高生产力？

吊诡的是，婴儿潮时期出生的人并不擅长运用科技，Z 世代的年轻人则是一篇技术真空，他们的唯一本领只不过是自拍。仅仅凭借出生年代就把一代人集体标签化不是件容易的事。人们常常以为，婴儿潮时期出生的人并不擅长应用新科技，这当然不符合实际。谷歌公司的报道称，婴儿潮时期出生的人更愿意在脸书（*Facebook*）上分享生活。他们甚至被调侃为“银发网民”（*silver surfer*）。婴儿潮时期出生的人拥有最高的可支配收入和最多的房产，因此，这一代人有能力购买最新的科技产品升级家居环境。可以说，每一代人中的斜杠职业者生活方式各不相同。每一代人都可以从弹性工作制、自由和新技能中获益。

早在尼尔森公司（*Nielsen*）于 2010 年开展的一项调研显示，婴儿潮时期出生的人在科技方面的消费支出最高：“实际上，认为婴儿潮时期出生的人对技术不感兴趣是个误解。副总裁兼分析师帕特里良·麦克多诺（*Patricia McDonough*）认为，“他们占总人口的 25%，但是他们的支出占消费总额（美元）的 40%。”福里斯特研究公司（*Forrester Research*）的年度基准技术调研显示，这一代人在网络购物上的支出高于平均水平。未来的职业影响到每一代人，互联网提供了弹性工作制、新的岗位或副业，所有人都将从中获益。要是怀疑每一代人在适应新趋势上的能力有所差别，那就不太公平了。

越来越多的老一代人也开始使用社交媒体。英国国家统计局（*Office for National Statistics*）的数据显示，每 4 个年龄在 65 岁以上的人中，就有 1 个人正在使用社交媒体，如脸书和推特

（*Twitter*）。使用图片的人数占65%，同比上升50%。

英国通信管理局（*Ofcom*）称，去年使用社交媒体的网民同比几乎翻了一番，75岁以上的人群中，有41%的人在使用社交媒体，同比上升19%。婴儿潮时期出生的人热衷于在社交媒体上吸粉，他们和Z世代一样，正在学习利用最新的科技成果。

管理咨询机构（*Paydata*）的总裁蒂姆·凯利特（*Tim Kellett*）认为，每一个多才多艺的员工都应该被视为公司的宝贵资产。"员工自主决定在哪里工作、如何工作，因此，雇主需要适应他们的习惯，以留住人才。"雇主要做的不是催促千禧一代和Z世代员工履行责任，而是调整工作机制，以留住人才。否则，这批员工将会离职，开创自己的项目或自主创业，因为他们有这个能力。《大西洋月刊》（*The Atlantic*）的撰稿者琼·M.特温吉（*Jean M. Twenge*）在名为《智能手机摧毁了一代人？》（*Have Smartphones Destroyed A Generation*？）的文章中称："研究代际问题的目的，就是为了了解现状，避免重蹈覆辙。"重点是：我们需要向前看，接受当下的现实。怀念过去毫无意义，除非我们能从中汲取经验，更好地适应新情况。

重塑职业身份

我们依然处于快速变革的阶段，现在下结论为时过早。由于社会环境变化快，像一个万花筒般令人目眩，因此，现在的我们很难把一切问题都看得明明白白。在变革步入尾声的最后几年，我们会感到自己的决策方式和自我表达方式都将大有不同。互联网改变了我们的视野。现在很难判断，我们究竟是知道得太多，只需要动动手指就可以掌控一切，还是我们其实一无所知。自从我们陷入网络世界之中，信任、技能、人际关系和文化都变得与以往不同。

信任危机

我们面临着信任危机。不仅仅是你或我，整个世界都面临着这个问题。政治人物是信任危机中的弱势群体。互联网上有着海量信息，我们需要警惕信息的真实性，在发推特信息之前，做到三思而后行。爱德曼信任度调查（*Edelman Trust Barometer*）很有意思，它的年度调查报告指出了公众对媒体、政府等机构的信任度。我记得，在 21 世纪的头 10 年，公众从“信任媒体”转变为“信任像你自己一样的人”，人们开始相信博主推荐的产品，而不是电视广告。这很合理。但此后，信任度的风向标再次转向。2017 年的爱德曼信任度调查显示，公众对政府、企业、媒体和非政府组织的信任度出现最大幅度的下降。在 17 个国家中，对媒体的信任度跌至历史最低点，在 14 个受访国家和地区中，对政府的信任度同样出现下降。公众对领导人的信任度也处于较低水平。全球范围内的每一个受调查国家中，公众对企业领导者的信任度均降至历史最低。对权威的信任正在消减，我们信任的是那些认为与自己最亲切、最相像的人。英国人对家庭和朋友的信任度是对政党和领导人信任度的 4 倍以上。

我认为，对公众人物缺乏信任并不是个偶然。网络常常曝光谎言，个人可以搜索到更多有含金量的信息，在美国，“88% 的千禧一代认为‘偶尔’或‘从未’相信过媒体。”我认为这与焦虑感的增加不无关系。我们对于外部信息来源的信任度越低，我们的焦虑感越严重。如果我们不信任成年人所说的话，也无法独立地分辨是非，那么，在生活的其他方面，我们也将遭受压力和焦虑。失去了信任，任何事物都将成为悬挂在头顶上方的定时炸弹，任何时候都有可能成为压倒我们的最后一根稻草。重要的是，从即刻起重建信任。

所需技能发生变化

我认为，职场中发生的误解许多都是源于不了解和恐惧，恐惧是可以理解的。尤瓦尔·诺厄·阿拉里（*Yuval Noah Harari*）认为，“到 2050 年，会产生新的阶层，也就是“‘无用阶层’”。这个群体不仅找不到工作，也是不适合工作的。”其实他想说的是，由于机器人和人工智能的应用，许多人将会被职场淘汰。他还说，很快，我们将面临一种新的情况：“没有人知道上大学应该学什么，因为没人知道 20 岁学的知识到了 40 岁还管不管用。”这或许不是个好消息，但是十分现实。摆在眼前的挑战是，我们要正视恐惧、打造良好的职场工作关系。《纽约时报》曾报道，塔－内希斯·科茨（*Ta-Nehisi Coates*）在麦克道尔主席晚宴（*MacDowell Chairman's Evening*）上提到自己的导师大卫·卡尔（*David Carr*）时说："他有一项超群的能力，就是不怕年轻人。这让我意识到，有多少老板根本没有尝试着帮助员工提升技能或采用最新的科技手段，他们做的只是时常鼓励年轻人不要恐惧。"

成长过程中，我始终相信，有朝一日，互联网将会占据我生活中的很大一部分，我也相信，自己可以利用网络让生活更加便利。互联网提供了职业的捷径。它成为我的另一个自我推介平台，带给我不同领域的就业的机会。我用推特和雇主交流，使用博客求职，利用网络给自己的职业生涯带来各种可能性，最终获得后发优势，进入一些曾经看来难以企及的行业。我的全职工作是在一家企业从事市场营销业务，由于企业规模大，职业晋升速度并不快，因此，我尝试了其他的新办法。即使某个工作无法提供有趣的、令人兴奋的职业上升途径，或新鲜感，你还是可以利用闲暇时间去做这些工作。我开始阅读书籍，设置自己的推特主页，在个人主页上增加新闻通讯推送功能，建立个人网站，学习使用修图软件，我不需要被动地等待大企业提供培训机会，即使企业想要提供培训机会，等到真正实现，也早已经晚了几个月甚至几年了。我必须自己培训自己。每天晚上，我利用 30 分钟的时间学习，或者利用周日上午喝咖啡的时间自我培训。我开始享受自学新知识的过程，为此制定有规律的学习计划，保持心态平静，因为利用的是休闲时间，我还产生了充实感。关键在于保持好奇心，利用好生活中的零散时间。

推特欧洲区副总裁布鲁斯·戴斯利（*Bruce Daisley*）在接受《泰晤士报》访问时，谈到了当下职场体现出变革缓慢的特点：

如果我们回顾20年前，想想当时互联网给工作带来的改变，朝九晚五的工作时间或许是第一个想到的。但直到现在，坐在桌边工作依然是衡量员工表现的最基本标准之一。工作本身毫无变化，不一样的只是桌上堆积的文件更多了。

对于沉默的一代而言，朝九晚五工作制之所以发挥作用，原因在于，在那个年代，许多人从事的是体力劳动量大的工作，他们需要手工操作机器。一个家庭通常有一个人负责全家的生计，这在当时也是合理的。一个人（通常是男主人）出门工作（工作时间没有特别限制，通常是朝九晚五），配偶（通常是妻子）全职在家照顾孩子，因此这种工作制度没有任何问题。但是，时代在进步（感谢上帝）。当夫妻双方都追求职业发展时，会有什么后果？我们需要弹性更大，更加注重阴阳调和。有太多的新兴职业需要兼职工作或远程办公，它们适合那些无法亲自前往办公室（新手妈妈，照料者，残疾人士）的人群。不管个人的具体情况是什么，弹性工作能为所有人创造出更多机会，进一步促进职场平等。

工作地点大不同

不是所有的工作都需要弹性工作制。朝九晚五令我困惑，我从 12 岁起就开始用手机同时处理多项任务，成长过程中始终学习基础的编程技术，躺在床上准备睡觉时还可以顺便想一想如何创作网络文章，千禧一代获得了“能干”的标签，我不介意也给自己贴上一个。朝九晚五工作制起源于维多利亚时代，那个年代，没人在乎工人福利，因此，当代人不理解这个制度也不足为奇了。当代人可以在卧室里工作赚钱，因为这符合他们的想法，也因为形势所迫。如果我们要求严格地执行朝九晚五工作制，同时还得用手机处理工作邮件，就会感到无所适从。以前，我在坐地铁时还在回复工作邮件，如果迟到 5 分钟，就会面临来自办公室各个角落的死亡凝视。

迈克尔·斯莫伦斯基（*Michael Smolensky*）和琳恩·兰伯（*Lynne Lamber*）在 2001 年出版的《发现你的健康密码：生理时钟养生》（*The Body Clock Guide to Better Health*）一书中研究了云雀和猫头鹰理论（*lark and owl theory*）。“每 10 个人中，有 1 个人在黎明起床，迫不及待地成为吃虫的鸟。每 10 个人中，有 2 个人是猫头鹰型，喜欢午夜之后入睡。其余的人，也就是折中的人，我们称之为蜂鸟型人，一天 24 小时待命。”因此，我们更能理解朝九晚五工作制的起源了，工厂工人和办公室员工需要光线、能遮风挡雨的工作场所和面对面的沟通，大多数人都属于蜂鸟型。然而，不同的生物钟告诉我们，当我们努力做到最好时，一个群体标签或出生年代并不能精确地定义我们。

弹性工作制应该推广，对于一些员工来说，改变工作环境会产生很大的积极效应。现在，人与人之间的联系越来越便捷（或许过于便利了），我们为何不接受这一现实呢？我确定自己是只猫头鹰。这本书提到，“清晨，猫头鹰常略过早餐，因为他们总是匆忙地赶去上班。”只要留给我更多的上午时间，我绝对可以更高效地完成之后的工作。早在上学时，就应该有人鼓励我们这么想了。（学习税收相关知识。）梦想中的工作取决于生物钟：“如果你是只云雀，你就不会想成为一名调酒师。如果你是猫头鹰，早起报道晨间新闻就是个折磨。”

商业杂志《快公司》（*Fast Company*）刊登的一篇名为《如何根据睡眠习惯设计理想的工作日》（*How To Design Your Ideal Workday Based on Your Sleep Habits*）中，睡眠专家迈克尔·布勒斯（*Michael Breus*）认为，你可以是一只熊（采用大众化的睡眠模式人数占人口的50%～55%，上午7点-11点工作）；狮子（不需要闹钟就能醒来的人占总人口的15%，上午5:30-10:00工作）；或一匹狼（痛恨早起，占总人口的15%～20%，上午7:30-12:00工作）。鉴于睡眠模式和生产率关系的研究成果，我们为什么不接受新思路，使用最新的研究成果增加对自己的了解，更好地选择自己的职场生物节律？

弹性工作不只是苹果电脑上贴着便利贴的千禧一代年轻人的专利。单亲家庭的父母，患有长期慢性疾病的人，老年人等等都可以采取弹性工作方式。我们每一个人都可以由此获得更多的弹性空间，而不用为此感到愧疚。弹性也于生产率有利，因为当一个人有权利决定自己的日程时，他们可以完成更多的工作。

> “生产率是企业的底线，科技和有序运转的消费市场是提高生产率的驱动力，生产率创造的财富远远不能以工作时间来衡量。”
>
> ——查尔斯·肯尼（*Charles Kenny*）
>
> 《外交政策》（*Foreign Policy*），2012年

职场文化不复如前

职场文化很有趣，对吗？在很多次的面试中，面试官告诉我，我的简历做得不错，但是，他们真正想要知道的是，我是否与公司的文化相契合？职场文化究竟是什么？本质上说，职场文化就是组织的性格和个性。员工、团体、气氛以及作为员工的你对企业文化的感受共同组成了职场文化。我在不同的企业工作过，这些企业的文化都不仅有趣，还能够调动职工积极性（每周五下午都会组织小组报告会！福利是免费滑雪旅行！），但是，我却觉得难受，也不心怀感恩，也不感谢职场文化。我觉得自己享受了特权。工作提供的福利并没有让我开心，而是让我感觉更加难以脱身，总觉得对工作有所亏欠，如果想要争取一些弹性时间，我就会有负罪感。成功的职场文化不能只依靠物质激励，也不是周五晚上请客喝喝免费啤酒就了事。文化甚至不是免费的甜甜圈。文化的内涵要大得多。它还包括你对工作的感受以及工作环境对于工作伙伴带来的潜移默化的影响。

从推特发布的新文化2.0版本中，我读出了一家企业的变革之心，我对于这件事也很感兴趣。推特发布的纽约宣言（*New*

Work Manifesto）中，“40 小时工作制”、“找回你的午餐”和“数据洗礼”的说法都引起了我的共鸣，这些宣言鼓励员工“逃离数据的奴役”。甚至一些以数据为重的公司也开始鼓励员工线下交流，增加幸福感和满足感。在这之前，保持工作与生活之间的平衡性从未显得如此重要，千禧一代并非是唯一受益的群体。

《财富》（*Fortune*）杂志在美国的一项调研显示，千禧一代平均每年愿意放弃 7,600 美元的薪水，以换取环境更好的工作岗位。这说明，我们看重工作的幸福感和环境的舒适度，这些感受甚至影响着我们的职业选择。工作环境很重要，它包括办公室文化、同事、弹性津贴、办公室的采光、现代科技和企业的追求目标。

职场等级制度的变革

德勤（*Deloitte*）对超过 7,000 家公司的问卷调查显示，92% 的公司认为，重新设计组织架构是首要任务。德勤负责调研的乔希·贝尔西亚（*Josh Bersin*）认为，现在，员工承担的任务不像以前那么固定了，员工的工作内容以项目为单位，完成一个项目后接着进行下一个。当下，大多数的工作（虽然不是全部）任务执行中，等级制度不得不靠边站，或者至少需要改革或重新审视。当然，从理论上说，工作时间越长的人经验更丰富（例如外科手术医生），但是，在一些新兴行业，我们看到越来越多的年轻人占了上风，他们自学成才，有着较高的学习效率，精通细分领域的专业知识，老员工想要依靠职场晋升制度往上爬就不像以前那么容易了。曾经，职场等级制度是要求工人遵守规则的有效手段，但等到了未来，等级制度就不会那么管用了。

等级制度不会像过去管用的另一个原因是，人才结构也和以前大不相同了。一个领域的专家不需要非得是任职数十年之久的首席执行官才能担任，尤其是他们已经不需要针对日常事务事无巨细地做决策。新兴产业的崛起和新工作方式的兴起很有可能催生出一些细分领域的专家，他们不需要熬几十年的时间以证明自己在专业上的江湖地位。专业性不再与年龄或行业工作年限挂钩，只要对某个领域的了解足够深入，就可以成为专家。许多前所未有的新职业正在萌生之中，你也可以成为自己亲手创造的某个职业领域的专家。现在正是创造细分职业、成为行业专家的时候。扩展你的视野，在你的简历上用连字符添加不同的职业身份，这是一个小创意可以变成大事业的时代，值得我们好好把握。是时候不惧他人眼光，成为自己擅长领域的行家吧。

斜杠标签带来的迷思在于，多元化的职业注定无法成为专家，因为你是万金油呀。但是，为什么成为专家的前提是必须只能在一个行业有一份工作呢？我们可以成为好几个领域的专家。毕生专注于一件事的时代已经过去。当前的职场，许多职业正在演进，新产业、新领域和新市场层出不穷，这些行业尚未有专家出现，未来的新行业还没出现，行业内的专家也尚未出现。不论年龄大小，你都可以成为一名专家，例如，你可以不用再花好几年时间研究某个领域，成为专家的唯一方式就是向他人学习。现在就是在新领域习得专业技术的时候。由于在线教育工具的普遍应用，任何人都可以在全新的技术领域达到专业水平，他们无须接受任何传统培训，因为一旦课程被设计出来，就已经宣告了它的过时。重复做某件事，达到一定次数后，你就可以熟练新技能了。这并不是说，人们只能对各种领域略知皮毛，而是学习了多元化的技能，不同的技能可以聚合发力，发挥协同作用。这本书就是要打破固有偏见，你不是只能精通一件事。过去的传统观念认为，每个人只能成为一个行业内的专家，于是，人们都以为必须和前人一样，亦步亦趋地沿着职场晋升之路往上爬才是正道。晋升阶梯的光环已经不再耀眼，我们想要走出一条自己的职业路径，活出我们所选择的生活。

对于公司而言，学习适应变化，并且对变化保持敏锐度很重要。雷迪（*The Ready*）公司专注于为企业提供组织结构改造方案，它的投资人和创始人亚伦·迪格南（*Aaron Dignan*）曾说："即使在一个强调自我管理、去中心化、协作和信任度高（未来的真实情况）的环境中，人们也需要把握组织前进的航向。数据将在网络中自由、透明地流动。效率的提升会产生新的职场角色、新任务，这些新角色和新任务完成后，继续分化为更细致的领域。"这意味着职业称谓不会长久。

公司需要不断地自我更新，保持敏锐性，我们不会一辈子只忠诚于一个职业称谓或职场身份。我们需要因时而变，与时俱进地更新自己的职业定位。这也是为什么许多人在正职之外，独立地选择开展副业或投资某些项目，因为这些事并不需要像在一些公司里一样，经由层层审批才能采取行动。人们可以学习、成长、承担风险和不断尝试，不需要每一次都事先和人打好招呼。有些时候，从零开始的小公司或许会成为后起之秀，创造出超越大企业的成绩。例如，爱彼迎（*Airbnb*）的订单数就超过了全球最大的连锁酒店。在本职工作以外，给自己添加新的职业身份，你就能学习到新技能、尝试新技能，这些新技能将是大企业所需要的（但是，一个停滞不前的大企业或许无法为你提供第一时间学习的机会）。这些技能给你的工作加分，也有助于独立开展副业。这是双赢。

找到重视我们的人

一想到现在的年轻人，我们不难发现，在很多方面，他们成长得很快：科技的使用、在线知识的获取，一有问题就问谷歌的习惯。尽管也存在负面影响，但在许多方面，互联网是具有教育意义的。《青少年时尚》（*Teen Vogue*）的首席内容官菲利普·皮卡尔迪（*Phillip Picardi*）在一次访问中说：“年轻人大多是回答‘是，但是……’的一代。他们总是先你一步认识新鲜事物，你必须始终牢记这一点。”斜杠人士斯科特·赫斯（*Scott Hess*）在领英上这样介绍自己：“执行副总裁（企业营销、代际问题研究人员）兼诗人”。传媒机构“斯帕克”（*Spark*）称：“这些年轻小伙子通过游戏互动结识，用讯佳普（*Skype*）或谷歌的视频连线功能一起做作业。这属于虚拟互动，但是大家都能看到对方，听见对方的声音，看见对方的行动，而不仅仅通过发消息实现沟通。”这也是为什么这一代人充满想法，始终在落实自己的想法，彼此还保持着联系。

Z世代的教育和自学经历始终与技术如影随形，他们知道自己能够获得更高的收入，因此对自己充满期待。千禧一代有些不同，他们依旧遵循婴儿潮世代出生人群的旧模式，在学校好好学习、毕业后获得学位、寻求一份企业里的职位，逐级往上爬。当时，技术和社交媒体的发展尚未达到顶峰，千禧一代并不了解技术能为自己带来什么样的变化。例如，“油管”上的网红博主如佐拉（*Zoella*）和路易斯·彭特兰（*Louise Pentland*）都曾在辞职之后无所适从。佐拉有个著名的事例，一开始，她的父亲让她找一份“真实的工作”，因为当时，网络博主拿不出现实生活中的成绩，此前也从未有过类似的职业。Z世代已经目睹了这些细分职业的发展，他们发现，利用网络平台可以走出一条不平凡的路，赚得盆满钵满。千禧一代意识到需要，需要改变些什么。

婴儿潮时期出生的人所遵循的路径已经不适用于我们了，这也是为什么千禧一代选择重塑职业身份（我称之为个体突围），借此逃脱一成不变的职业状态，解决短期或长期的问题。许多Z世代的青年对于商务交往礼仪并不感兴趣，他们是天生的斜杠人士。也正是因为这个原因，选择上大学深造的Z世代青年数量更少了。数据营销机构“天才猎头”（*Talented Heads*）的联合创始人达里娅·泰勒（*Daria Taylor*）说，“我们将看到，这一代人会因为高昂的学费而放弃读大学，选择直接就业或报名在线课程。”因为等到他们上课和进入职场时，大学课程内容或许已经过时，而他们可以随时利用互联网表达自己，Z 世代在网络世界里活出了自我。这也意味着，许多 Z 世代年轻人必须独自承担风险，摸索自己的路，他们和千禧一代一样，无法从父辈口中获得足够多的建议。

把年轻人归类为自恋很容易，但确不公平。因为他们成长的环境不同。他们获得社交媒体上的点赞时，大环境会给他们奖励。积极方面是，大环境始终奖励勇于表达自我的人，如果你不展示自己或自己的成绩，谁还会呢？菲利普 · 皮卡尔迪曾说：“他们不仅仅是自拍的一代或自私的一代，他们更是以独特的方式改变世界的一代，提倡社会公平正义。”

整体而言，具有社会影响力是大多数人的心愿。社交媒体、出版机构、积极行动主义和建立自己的在线商业帝国都源于我们对未来的关注。由于上一代的守门员已经换人，在有一些领域，他们还摔了跤，所以，我们不再需要借助传统的出版机构向大众表达自己的意见。最近，塞思 · 戈迪（*Seth Godin*）在广受欢迎的蒂姆 · 费里斯（*Tim Ferriss*）的播客节目中说：

社交媒体的发明并不是为了改善你的人生。社交媒体的发明只是为了让企业赚钱。你是一家企业的员工，你是企业贩卖的产品之一。他们把你放在仓鼠滚轮中，不时地往里投些零食。但是你需要自己做决定，你想制造出什么样的影响？

如果社交媒体是个仓鼠滚轮，我们让互联网企业赚到了钱，那么，不断尝试、制造影响力是合理的。对我们的生活的影响、对朋友们的生活的影响，甚至影响我们周遭的环境。找到重视我们的人。明确目标很重要。不必因为有多种职业和多个兴趣而感到心慌。

向前的动力

思考这些年来，文化、技能和人际信任的演变，究竟是什么一再地给予我们向前的动力？有趣的是，如今，我们生活的很大一部分，已经不按美国心理学家亚伯拉罕·马斯洛（*Abraham Maslow*）的需求层次理论走了。马斯洛于1943年发表《人类动机理论》（*A Theory of Human Motivation*），认为人类的需求呈金字塔结构：生理需求（空气、食物、住房、性、睡眠），安全需求（人身安全、法律、秩序），感情的需求（友谊、家庭、信任、爱情），尊严的需求（自尊、独立、他人的尊重）和自我实现的需求（实现个人潜力和个人成长）。我们生活在一个高度进化的社会，有更多的时间用于自我发展，而不是仅仅注重满足原始需求。马斯洛发表金字塔理论时，80%的人依然在工厂里劳作。现在，如果要重新设计金字塔，我们还应把无线网和社交媒体加进去。

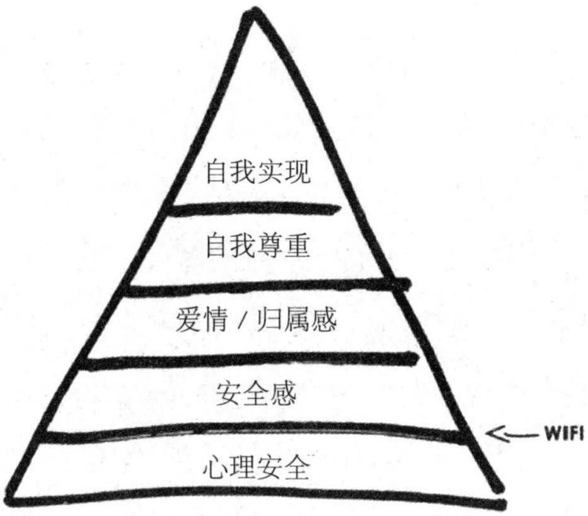

当前社会，善用互联网成为人们对千禧一代的普遍印象，但是，他们很难长久地维持一份工作。的确，他们所做的与传统的办公体制背道而驰。但是，他们之所以不拘泥于一份工作，背后有更深层次的原因，这与工作难度无关。世界变化日新月异，千禧一代正在学习适应和掌握专门领域的技能。或许，敢于承担工作风险的自信源于他们并没有太多的物质财富可丧失，因此愿意放手一搏。例如，千禧一代负担的学生债务超过父辈的 300%，因此，他们在财务上处于劣势，购买房产的可能性低，生育子女的年龄也较晚，既然这样，为什么不找一份副业，乐在其中的同时还能获得额外收入？

过去几年，传统行业发生了剧烈变革。5 年前，我所从事的社交媒体编辑这一职业还没发明。在学校时，我被分派管理聚友网（Myspace）上的账户，和其他同学一样，那是我人生第一次学习编程。2015 年，编程是最热门的职业。自 2010 年起，领英上的社交媒体职位增加了 1357%。英国广播公司环球广播部（*BBC World Service*）发布的数据显示，“65% 的工作岗位尚未发明。”我们正处在一个新兴行业层出不穷的时代。我们正在学习如何通过互联网与雇主在线沟通、在线营销自己和自己的技能、进一步优化个人搜索引擎（*personal search engine optimisation*），采取一些小技巧提升自己在互联网上的关注度。2008 年，领英还没有应用大数据架构（人们参加培训，了解大数据结构和形态）。2013 年，已经有 3,440 个大数据架构了（70% 的父母承认自己并不了解儿女的工作，这或许已不值得令人震惊了）。千禧一代选择工作的考虑是基于自己是否擅长和感兴趣（我们成长于互联网时代，在网络世界接受启蒙），以及能够利用到的资源。

在线外包服务网站伊兰（*Elance*）最新的研究显示，英国有 87% 的优秀毕业生认为自由职业很有吸引力。美国本特利大学（*Bentley University*）的研究报告揭示了优秀的毕业生如何规划职业生涯。三分之二的求职者计划创业，37% 的毕业生想独自工作。朝九晚五工作制已经过时，千禧一代更可能选择从事非全职工作，而不是长期在一家企业工作。雇主可以通过外包项目，外包人才或外包专业知识，同时发挥各方力量实现最优的工作质量。

Z 世代对职场有哪些期待？任仕达（*Randstad*）的数据显示，Z 世代从事自雇职业的可能性比千禧一代高出 5%（千禧一代为 32%，Z 世代为 37%）。金钱对于 Z 世代而言，意义变得不同，

46% 的 Z 世代认为，最大的经济压力来自于学生贷款，英国和美国的学生贷款每一年都实现了同比增长，Z 世代希望雇主允许他们使用社交媒体和利用先进科技，许多人对职场和新兴技术的融合越来越有兴趣，例如可穿戴设备、虚拟现实和机器人。有趣是的，45% 的数字土著希望得到科技行业的工作机会，这个数字还在增加。对于许多人而言，尤其是步入职场的年轻一代，想象自己将会从事什么样的工作完全是浪费时间。来自渥太华（*Ottawa*）的职业培训师琼 – 菲利普 · 米歇尔（*Jean–Philippe Michel*）认为，现在根本不存在职业这一说法："他们需要从思考工作和职业转变为思考挑战和问题。" 他和我一样相信，我们需要 "让下一代人为未来的职业做好准备，未来的职业将由无数微型任务构成，分配微型任务的目的在于找到高薪技术员工，而不是寻找一个老板或一家公司。" 新的公司，如游动自由职业者联盟（*Hoxby Collective*）通过 "亲自为您挑选来自世界各地的专业人才队伍；带来最优秀的人才，只为满足你的需求。" 尤诺朱诺（*YunoJuno*）是一家为专家和斜杠人士提供就业机会或远程微型工作的公司。皮普 · 贾米森（*Pip Jamieson*）是多点（*Dots*）的创始人，科技博客"技术线报"(*Techcrunch*)称他的公司为"创意人士的领英"，多点为时尚界、艺术界和科技界的自由职业者介绍新客户，最近刚获得 400 万英镑融资。这类企业和服务还将继续发展壮大，我们可以采取合适的方式工作，高效地完成工作，确保企业能够找到最优秀的、最具天分的人才，并从中获益。

这已经不再是那个要求人们努力工作的职场了，曾经，人们需要伏案工作、顺从地遵守规章制度。千禧一代更聪明，更努力，凭借无线网络就可以同时处理多项任务。

千禧一代认为个体可以成为一种品牌，而不是编号 #105 的某个员工，然而，和数字化的网络世界一同发展的不仅仅是千禧一代，实际上，我们每一个人都在改变着自己的观念。我们不再认为，自己只是企业里毫无存在感的齿轮，每一个人都在培育自己的独特卖点。无论是个人社交主页、网络身份、建立志同道合的社群、发起倡议行动或创业，努力工作的含义已经和过去不同，一些内涵或许还不是外人能够完全体会的。

甚至连法瑞尔·威廉姆斯（*Pharrell Williams*）都一直在强调千禧一代的作用（他们需要）：

> "没有人发现，千禧一代是社会型人。他们对于购买房产不感兴趣，他们使用爱彼迎。他们不想拥有飞驰电车的跑车，他们会用来福车（*Lyft*）或优步。这不过是通勤的工具。"看，那里面都是些老人家"——他摆了个姿势，暗示着白宫的方向——"为一切事物而努力，试着将某个群体打包，然后做出自己的分类判断：没关系，因为你们年纪大。到最后，孩子才是未来。我也老了！"

当法瑞尔指出这一代人思想上早熟，老一辈有必要为年轻人腾出足够空间时，我感到吃惊。这指出一个重要且众人皆知的真相：没有什么是一成不变的。我们不断地变化和成长，终有一天，Z 世代将成为劳动力的主力军和主要决策者，因此，我们必须对未来保持开放态度，除此之外，我们毫无选择。

如今，就业市场的透明度很高，我们常常跳槽。现在，所有年代出生的人都在跳槽。美国劳工部（*Bureau of Labor Statistics*）的调查数据显示，婴儿潮时期出生的人平均一生要找 11.7 个工作，千禧一代至多每两年换一份工作。奥莉维亚·加甘（*Olivia Gagan*）为专业时尚网站“精致 29”（*Refinery29*）写了一篇很有意思的文章，谈到了千禧一代的现状以及为何他们热衷于在网络上进行创造活动：“对于我们的父母和祖父母来说，拥有房产是一个现实的事，而如今，对数百万的千禧一代来说，这变成了幻想，许多电视剧、戏剧、音乐和诗句都围绕着这一现实创作。”

汇丰银行（*HSBC*）的一项调研结果显示，89% 的采访对象（来自各个年龄层）认为，弹性工作制能够最大限度激励自己提高工作效率，排名第二的是远程办公，随后是津贴制度、培训课程、额外的病假和医疗保险。

我们的进化和适应速度比自己预估的要快得多。我们不能主观地下判断，或凭固有偏见就把某个年代出生的人全部地归为一类人。我们不能让想象中的藩篱阻挡了人与人的合作，尤其是在未来的职场中。媒体热衷于取一个吸引眼球的标题，夸大千禧一代和其他年代之间的摩擦，或许，我们之间的共同点比想象中的多。

练习

你呢？你的动因是什么？激励你每天清晨醒来的是什么？是什么激发了你的渴望和野心？只有当你了解和明白自己的根本动力，你才能创造出专属的成功定义。

时光飞逝，我已经忘了当时自己是受到了什么样的启发。我试着制定一份名单，记录下受到鼓舞的时刻，通过回答以下问题，我试着理清和明确那些时刻：

1. 为什么个人生活的影响无处不在？
2. 我是否更好地适应了某些环境？
3. 什么样的人能给我动力？
4. 什么样的人会让我感到泄气？
5. 这些日子以来，我是否比其他人更快乐？
6. 一些日子过得最顺心？为什么？
7. 哪些日子最令我激动？

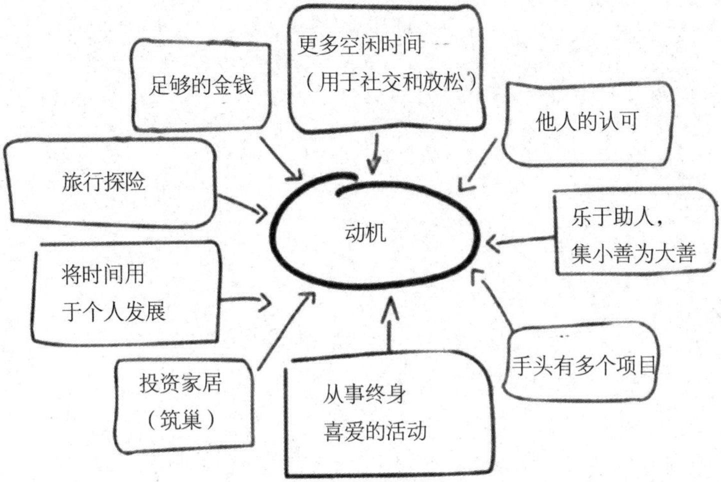

试着独立完成练习。

回答问题，写出答案，根据我在上一页画出的图，画出自己的蜘蛛网图。

第3章

如何拥有破局思维

“你不是一个人！你可以过上七十二变的人生！但也许，你尚未遇见潜在的无数个自己！我们历尽艰辛，以获得世人认可，却也压制了自己的部分天性，让人生留憾。”

——弗雷迪·哈勒尔（*Freddie Harrel*）

时尚创业者

现在，你已经明白，个体突围其实是一种生活方式，是否成功，由你说了算，与此同时，你还拥有不同的职业，获得多份收入。这个法则的根本目的是让人更加愉快地工作，但是，它的背后也暗藏着商业理念。它要求我们冲破对成功的传统定义，冲破外部环境自小对我们灌输的、我们早已习以为常的定义，但这并不意味着你必须辞去正职。这不是一本“教你如何辞职”类型的指导手册。这也不是一本教你如何成为“自由职业者”的书。这是一本教你如何拥有工作以外的兴趣——也就是在你的全职职业之后再加上一条连字符。你要做的并不是称霸世界或制定一份全球商业计划，而是腾出时间，更多地关照自己、自我成长和愉快地学习新技能。这个法则拒绝认可现代职场对人的轻率分类，勇敢地在你的职业简历上再增加一小条线段。它反对仅凭一个人的出生年代就对其做出片面判断，也反对亦步亦趋、随波逐流。你并不等同于一个职业称谓，你能有不同的职业，在其中游刃有余，通过有效的个人品牌塑造，你可以自由地抓住机会、拓展领域、获得收入、制定工作计划。

你不需要身兼 15 份不感兴趣的工作，忙得不可开交，焦头烂额地工作到深夜。承担多份职业是主动而为之，它们需要符合你的要求。多杠法则并不是贪大求多，而是挑选出一份有能力承担，而且有助于建立个人品牌的职业。

自由职业本身的弹性和多重职业状态并不意味着“左支右绌”，即工作时长不连续，沟通低效。相较于朝九晚五的全职工作和仅凭自身单打独斗的身兼数职，一份具有弹性的职业介于这两种极端之间，它选择领域广，选项多，需要谨慎挑选。英国国家统计署（*Office for National Statistics*）公布的数据显示，自 2016 年起，自由职业者总人数已占英国总人口的 15%，约 460 万。这是个庞大的群体，如果他们能够获得更多建议、工具、资源、指导和机会，那么，他们的本职工作也将从中获益。正常职业的晋升长途漫漫，因此，我们需要挖掘更多的机会和优势。我们需要掌握多项技能，让这些技能共同发力，助力职业发展。

多杠生活方式是让你……

· 有喘息放松的空间

· 不再受限于一份工作、一个他人决定的职业头衔

· 以“曲线救国”的方式大胆行动、利用资源，财务稳定性不受影响

· 自我鼓励，一件事无法定义你的全部人生

· 放弃这种想法：工作即是生活、身份、价值所在

· 在个人经历上添加其他称谓和职业

· 让兴趣和快乐情绪助力工作

· 同时有两个或更多的职业，三者对于职业的贡献比重自由

决定

·利用科技过上更加快乐、更具创造力的人生

·撕掉职场陈规贴在身上的标签

·如果有一套体系热衷于施加束缚，让你感觉终生受其约束，那么，就离开它。

斜杠后的职业不需要非得和现在的工作相关，这样反而还能显得与众不同。斜杠后的职业可以是“家长”或“看护者”或“扑克比赛冠军”或“首席针织工”或“快闪族”。这个称谓不需非得是一个副业或一个收入来源，它可以是一个全职工作之外，让你乐在其中的挣钱渠道。当然，有额外收入是件值得开心的事，也是你身兼多个项目后的应得奖赏，这样，你的现金流也可以大幅增加。但是，激励、意向、快乐和好奇心是你的初心。你需要培育有效的职业组合，也就是全职、兼职和弹性工作的组合。这个时代需要书写全新的雇佣关系。你从事自己的生意，向他人提供各类技能。你创造出专属于自己的互联网生态系统，维持自己所需的安全感。

从流言终结者到斜杠人士……

·拥有跨学科的不同职业，这些职业通常看起来各不相同，但能够以有趣味的方式互补

·如果兴趣多样或增加了职业身份，你依然能成为一个或多个领域的专家

· 不要一口吃成胖子！斜杠职业不是要求你成为最优秀或最辛苦的忙碌者。斜杠职业意味着身兼许多不同的任务，你能从工作中获得满足感和前进的动力。

· 依然维持着一份成功的全职工作或兼职工作，有更多的职业身份，斜杠生活方式的完美之处在于，你可以选择的工作方式不止一种。

人人都是企业家

我曾经是个道歉狂魔，几乎无时无刻不在道歉。即使有人把咖啡洒在我身上，我也会向对方道歉。只要我的存在占用了任何一丝空间、呼吸了一口空气，我恨不得也道个歉。我还会因为自己生活方式和职业选择道歉。多年来，由于我采取的是与众不同的工作方式，工作时间也和别人不相同，所以我不停地向别人说抱歉。以前，下班回到家后，晚上还要做兼职，同事和朋友对此颇有微词，因为我看起来像个疯子，用熬夜来争取兼职时间。

有一次，我问老板，能不能在周三下午请假休息，好让我写完第一本书。这个要求并不符合当时公司的规定，因此我觉得自己很唐突。我需要在周三下午一点下班，这样到家时是两点，我可以写作到六点。我需要 4 个小时的时间从事兼职。只是，每一次当我提前下班时，我都要向同事道歉、表达愧疚，编个拙劣的笑话自嘲，趁大家忙着敲打键盘时，抓紧时机偷偷溜走。我明明光明正大地提出了需求，老板也允许我采取弹性工作时间，那么为什么我总感觉自己像犯了罪？为什么我会感觉其他同事用异样的眼光看着我？难道是因为我没有小孩，因此要求弹性工作制就应该感到羞愧？我想要每周 4 小时的弹性时间从事兼职，因为兼职拓展了我的职业空间，也为我带来了额外收入。

有时候，我们需要厚起脸皮承担风险，不需为我们想要争取的事物而道歉。当下，我们可能会感到不好意思，但之后，你会庆幸自己的勇敢。你是否渴望有更多时间完成某件事？哪怕是争取到最短的时间，自己也想试一试看能不能成功？你是否认为时不我待，有必要向老板争取更多的弹性工作时间？

2016 年 6 月，我被选为微软公司的电视广告主角。这则广告会在电影院和《英国达人》（*Britain's Got Talent*）等电视节目间歇播放。在 32 秒的广告视频中，我说："千禧一代一生中有 5 份以上工作，我想这是件激动人心的事。"这句话源于蔡斯·贾维斯（*Chase Jarvis*）的一句名言："如果我们的父母有一份工作，我们就会有五份，而下一代会同时身兼五份工作。"当时，一些人没听明白这句话。在短短的 30 秒内，你怎么可能让对方完全理解一句预测或者完成关于未来工作的讨论？我喜欢这则广告，但是，我也想更加深入地探讨这个话题。我之所以说激动人心，是因为随着我们的成长和发展，我们将不再受限于一个领域，从而跳槽到下一份工作。

我之所以被选上拍摄广告，是因为在职场上，我是个科技达人，我给自己的定位就是斜杠人士。我始终不愿意把自己限制在某个领域，自我限制的那些年来，我始终缺乏安全感。但是，当一个重量级的科技企业在国家级平台（电视、电影院、互联网）展示我的职场故事，这或许是对我的一种肯定，我需要提醒人们认真对待这样的工作方式。之前，没有人会认可我的行为，人们只会表达质疑，好奇为什么我不想要一份按月领薪的稳定工作。

如今，对我而言，在一个职场变化万千的世界，究竟什么是稳定的？探讨这个问题也是件有趣的事。是否存在始终稳定的工作？一份工作是否真的能够完全稳定？我认为，当初所认为的稳定和实际上的稳定并不相同，至少，稳定的内涵是不断变化着的。一辈子只有一份工作，像我们的父母和祖父母一样，领着许多养老金，有强烈的安全感，但现实是，养老金和安全感都不存在了。我们都渴望安全感，也理应从工作中获得安全感。人们常常问我这些问题：你觉得自己的工作稳定吗？你愿意失去按月领薪的工作吗？我的回答是：第一，如果要我无法相信一家公司能够在技术革命中转型，我会感到更不安全（几份以前的工作都会被淘汰，有一些已经被淘汰了）。第二，我的确有月薪，只不过是来自不同渠道的各项任务酬劳。

凭借多样化的技能，我可以制作多元化的在线简历，提高找到工作的概率，这样会让我更有安全感，也更有自信。纪录片《未来的工作与死亡》（*The Future Of Work And Death*）指出，“技术革命产生的结果之一，就是用效率更高的机器代替工人。”这个过程被称为自动化，许多工作将被机器取代。未来看似难以预测，我们要如何假装，朝九晚五地坐在办公桌边就一定是稳定或安全的？

如今，人人都是企业家。企业家的概念和意义已经与以往不同了（不仅仅指硅谷的那些人，企业家可以是你，可以是我，可以是坐在厨房餐桌边，萌生创意的人），竞争更加公平。一想到企业家，人们总是想到穿着西服，在董事会上发言的商务人士形象。把这类企业家的形象从你的脑海删除吧，那些不过是媒体的固有偏见。这些陈旧的观念正在日益消逝。只要有智能手机、笔记本电脑和创意，你就可以创业。你可以创建一家在线集市，在照片墙上注册个人主页，销售票券，制作播客节目或有吸引力的在线内容。诺贝尔和平奖获得者、小微金融发起人穆罕默德·尤努斯（*Muhammad Yunus*）说："每一个人都是企业家。当人类还是穴居动物时，人人都是自雇职业者……自己寻找食物，自己养活自己。于是，人类历史由此展开。步入文明社会后，我们压抑了自己的能力。文明社会踩踏我们，对我们说：'你们是干体力活儿的'，于是，我们成了劳动力，忘记自己的企业家本质。"

人们总说，一些人有企业家思维，一些人没有，我表示怀疑。我也不愿相信，有创造力的只是一小部分人而已。我们每一个人都有创造力。我们每一个人都是企业家。问题在于你有没有付诸行动。

个体突围带给你突破自我边界的自信，尝试新鲜的事物，练出独特的一套职业组合拳，创业创新，拒绝一成不变，承认自己什么都不擅长的现实。身兼许多副业没什么不好。你就像一个最大公约数，将所有的技能融会贯通。你就像瓶胶水，黏住了所有兴趣和职业。身兼多职、成长、探索，于是，无论未来职场会发生哪种变革，无论哪一种新技术和新趋势将会产生，你都可以做到胸有成竹、有的放矢。你正在赋予自己更大的掌控力，更好地把握自己、选择未来。

副业赚钱

人们将副业描述为“风险低且无需太多启动资金。”这听起来“商务气”过浓，但是，这种描述能吸引你学习新技能，带来做事创业的激情，它不需要太多的前期资金投入或时间成本，你往往很难严格地把它界定为工作或是玩耍，而是介于两者之间。重点是，我们对自己日常使用的技术有着日益深入的了解，关注科技的发展趋势，这样，我们的技能结构就不会失衡。技术是不公平的，因为茫茫人海中，精通科技的总是一小部分人，因此，科技本身已经意味着不平等。科技还涉及女权主义。凯特琳·莫兰（*Caitlin Moran*）认为，“想到编程，我们的第一反应依然是电脑黑客，对吗？”（最新研究认为，92% 的软件工程师都是男性。）“这就好像是在说，假如国际通用语言是中文的话，那么女性一定不懂中文，技术代表未来，编程代表未来，我们用科技创造了世界，利用科技了解自己。”

副业不只是时髦的流行词，在英国，副业还代表着许多工人的生活方式。狗爹域名（*GoDaddy*）的研究结果显示，48% 的人开创副业是为了凭借热情和兴趣赚钱，报道称，一些企业家在正职之外，每天还能从副业中赚取 500 英镑到 5,000 英镑的酬劳。银率网（*Bankrate*）的数据显示，平均每 4 个千禧一代中，就有 1 人有副业或主业之外的斜杠身份。61% 的千禧一代每周至少从事一次副业，96% 的千禧一代每月至少从事一次副业，25% 的千禧一代表示，副业每月带来至少 500 美元的收入。

很明显，我们要搞事情了。一项针对 81% 的传统（美国）工人开展的问卷调查显示，“如果有机会，他们愿意在主业之外承担其他额外工作，以赚到更多的钱。”想要身兼多职的群体越来越庞大，但要记住，从事副业不是为了有朝一日感到厌倦，还累坏了自己，而是为了拥有更大的时间弹性，更多的自由，更少的实际工作时间。

一开始，可以从小规模的副业开始，观察副业在起步阶段的成效，再决定这项副业是否值得坚持下去。利用一小部分的时间（例如，每周一小时），观察副业是否可行，将自己的一部分精力分配给主业以外的事务，尝试多种不同的方法将副业变现，这样一来，即使起初赚到的收入不多，你也不会有太大压力，因为没人要求你必须干成一番大事。在不影响自己的本职工作的同时，合理地利用时间发展副业。

由于不喜欢当时的工作，我找到了人生的第一份兼职。那时的我挺可悲的，任职的公司文化堪称有毒，公司总不断地给员工颁发一些物质奖励，为员工制造出不得不加班的氛围，恶意中伤和竞争性的环境最终让我躺在了病榻上。我的男朋友至今记忆犹新，说我卧病期间，无时无刻不在哭泣（我自己都不记得了）。由于久坐，我得了膀胱炎，在两场会议之间的间歇时段，我不敢去洗手间（我真心不愿意让自己得膀胱炎）。

在这段职业低潮期，家是我唯一的救世主，回到家，在电视广告期间或是在卧室里休息时，打开笔记本电脑完成任务。能体验不同的工作方式，做有意思的副业简直让我愉快得想要升天。副业让我乐在其中，但是，如果我坚持做下去，我也只能看到极其微小的希望。选择副业的初衷不必非得为了养家糊口，有不功利的出发点更好，也正因为如此，它们才被称为副业，因为你的主业应该是占据了最长的日间时间，也从中得到最多酬劳的那项工作。新闻网站“石英”（*Quartz*）的一篇文章称，“千禧一代并没有第二份工作，他们不过是为其取了个名字。”一直以来，人们都拥有多份工作，然而，千禧一代难以忍受传统职场的等级制度和慢节奏，也对“你可以成为梦想中的自己！”这类的口号感到抓狂，因此，他们选择利用副业以保持竞争力。

交替性地从事副业能够让你停下脚步，开始一项与众不同的工作。它不会耗费你所有的时间，当你需要它时，它就复活。或许你需要许多副业，它们像潮水一样时起时落，你就像地球引力，根据工作量的大小和空闲时间的多寡召唤它们。

多重职业的优势	多重职业的弱势
多元化的生活方式能提升我们的快乐感，减少苦闷感。我们“独当多面”的能力超出自己的想象。	向祖父母描述自己的职业，结果感到挫败。
集中精力做事能提高工作质量，心里有规划，全身心投入其中是一件令人兴奋的事。	你需要设定严格的边界。只有当你衡量好每一个变量因素时，才能维持工作和生活的平衡。
你为自己打造了全能的个人品牌，在这个品牌之下，你兼具十八般武艺。对品牌进行自我投资，你就能在职场鹤立鸡群。	推特上的个人简历篇幅限制无法总结出所有的特点。
你对手头的工作有话语权，你可以根据自己的生物钟，能量循环周期和具体情况安排工作，因此工作效率将获得提升。	人们想要将你归类，因为当你的职业描述不明确时，对方会感到无所适从。
在一段密集的劳动时间内赚到更多酬劳。	你必须鼓励自己，有时候，你会感到难以坚持下去。
你从单一职业转变为多种职业，创造出个人专属的、独一无二的生活方式，一切由你做主。	
你成为一个非线性职场人士（不是沿着一条现成的爬梯向上攀登）。	
你不会被标签化。你不会被粗暴地归类。一份职业无法定义你的全部人生。	
你可以挖掘自己在数个领域的潜力。	

由于你掌握了多项技能，未来，你会有更多的职业选择。你不会被淘汰，你可以适应新的环境。	
你向未来证明了自己的价值。你学会在多个项目之间游刃有余。	
你反应迅速。在一个大企业里，即使是设计一个品牌标识这么简单的事都可能需要好几周的时间才能完成，当你从事的只是小规模的事业或自己接一些兼职时，往往只需要几个小时就可以完成任务。企业最应重视的事情之一就是快速反应和反思。	

现实生活中的斜杠人士

以下是来自不同行业的十二位斜杠人士的职业经历，听听他们是如何以自己的独特方式实现斜杠生活方式的。

蒂莉（*Tilly*），酒吧工作人员 – 自由电影制作人

“自从有了多份工作后，我能够更加科学地安排时间，无论是从个人兼职还是全职工作，我都获得了多渠道的收入。我真真切切地有了成就感，我会提高对自己的要求，甚至在每一天都要做得更好。我的承压能力在两份工作中都得到了利用，人际交流等技能也提升了，两份工作相得益彰，让我有成就感。”

奥莉薇亚（*Olivia*），自由职业编剧－内容设计师－私人健身教练

“这么多年以来，我终于明白每天早上叫醒我的是什么了，也就是我擅长什么以及什么能让我养家糊口。于是，我成了一个有各种职业组合的人。通过一台笔记本电脑，我创造出许多积极的成果，帮助企业完成了不起的任务，我在当私人教练时，与人的沟通交流更直接，也能立刻产生成就感。从一个以电子邮件为主要沟通渠道、随时可以见面的自由职业者转变为一个健身或体格训练老师对我而言是一项挑战，我需要在两个角色之间切换。但也意味着，我不会因为长时间从事一份工作而自以为是。”

哈丽雅特（*Harriet*），礼品盒布朗尼松鼠纳特金烘焙网店创始人－公共关系高级顾问－小型瑜伽公司虚拟助理

“松鼠纳特金烘焙店的工作包括烘焙、外卖打包、邮寄商品、行政管理、营销和公共关系，我将75%的时间分配在这些任务上。其余的25%用于自由职业，包括公关项目、回复邮件的虚拟助理、为一个不知名的瑜伽品牌创建社交页面。在不同的项目之间连轴转很累，但是，大多数时候我是在家里工作，因此简便多了。我想说，自我管理是关键。每个周日，我会提前规划好下周的工作，我始终在尽力为每一份工作挤出块状时间，我用子弹日记记录每一项任务的完成情况。身兼多职当然带给我很大的满足感，也让我发现，自己有能力把握好项目进展，有权利决定自己做什么，这些让我感觉自己的话语权有了提升。和过去在大企业相比，我更有掌控力，更加独立。我喜欢自己制定日程，拥有完全属于自己的日子，如果需要临时更改安排，也不会手忙脚乱。我辞了朝九晚五的工作，换来的是更多的自由和更大的工作热忱，身兼多职让我可以边生活，边赚钱。”

艾玛（*Emma*），儿童医院儿科临床研究高级护士－两本书的作者

“我很幸运能同时成为护士和作家，我很开心自己能在两个领域学以致用。儿童罕见病研究护士这份职业带来的满足感在于，自己为临床治疗和药物治疗领域的改革和创新出了一份力。我的书也即将出版，这也给我带来了成就感。我喜欢从事临床诊断工作，和病人交流。晚上，我转身成了出版社里的一名作家，一天之内，有两种截然不同的体验。”

杰恩（*Jayne*），创意指导－作家－社交媒体经理－图片编辑－插画师

“我一直是个很有创意的人，多年来一直在社交媒体上宣传自己的作品。所以现在我觉得自己是水到渠成，自然而然地能够把握好不同角色之间的平衡。我很愿意在一天之内从事各种不同的工作，同时处理不同的项目，工作也变得更加有趣了。多重任务工作模式让我有充实感。我不知道 5 年或 10 年以后，自己的职业生涯会走向何方，但是现在，我喜欢有弹性的工作，因为你永远不知道在未来的某一天，机会就从天而降了，也不知道未来的某一天，是否自己需要或想要再习得一门技能。”

亚历克萨（*Alexa*），脸书员工 – 歌手 – 成立自己的公司 # 新人老板

“在脸书工作时，我上的是常规的班，上午10点到下午6点。偶尔，我会出去吃个午饭，做些其他的事或接个电话。关于公司和音乐，周末晚上和白天是我创造力爆发的时刻。整体而言，我相信我个人的品牌吸引力来源于摧毁职业童话，教人们如何以自己的方式获得成就。这个尝试首先从追随我的职业轨迹的人们开始。我从未将这些职业划分为‘副业’。毕竟，这些都是我所从事的工作。它们密不可分。”

阿里（*Ali*），人力资源行业产品咨询 – 儿童作家

“在分配工作时间时，我优先考虑咨询工作，通常，我会事先定好每个月的工作时间，让团队知道我什么时候是在伦敦办公室，什么时候我是远程办公。如果工作需要我在不同的时间段都在办公室里，我会调整工作安排，或者加班。一周里其余的时间用于管理小型的设计项目以及我组织的开发团队。虽然偶尔有一点疯狂和感到压力，随时转换大脑的工作模式使我获得更强的职业满足感。”

艾利（*Ally*），医护人员 – 博主 – 摄影师

“我目前在急救中心做全职工作，主要时间花费在这份工作上，毕竟我接受了许多培训，但是，在接下来的几个星期，我将要回归正常的生活，也就是抽出几天专注摄影和写博客。我是不会让一份工作占据全部生活的，那样无法让我有满足感。最后，我选择在急救中心兼职，花更多时间摄影和写博客。无论如何，我都会继续这三份工作。”

维多利亚（*Victoria*），实习律师 – 关注社会流动性的慈善组织“大声伦敦”（*Big Voice London*）首席执行官

“我这个人就怕闲着，身兼多份工作非常适合我。在两个不同的行业工作，尤其是存在略微关联的两个行业，对我而言是一种福利。这样我会感觉自己充分利用了时间，发挥了能力，两种职业角色都向我提出了各自的挑战。接受律师职业培训时，我不断地学习，不断地提升法律咨询水平，改进诉讼和草拟法律文书的方法。在“大声伦敦”的工作经历让我学会了如何发展慈善事业、如何和赞助商保持良好关系、如何领导团队。我毫不怀疑，两种角色都将让我变得更好。”

亚当（*Adam*），播客制作人 – 厨师

“我曾经是个厨师，后来制作了越来越多的播客节目。于是，我从一开始制作一档节目，发展为制作两档节目。毫不夸张地说，我从饭店下班后，就直接去录制播客节目。这是一种个人选择，我本可以选择弱化自己在播客事业方面的野心，我希望进一步发展这份事业，因此投入了大量的心血。我一直在为自己的创意寻找展示的平台，多年来，我不过是生存而已。然而，现在，我有了这个发挥创意的平台，我真心感觉自己的人生实现了更大的价值。”

路易斯（*Louise*），瑜伽教练－生活教练－博士－护士

“我决定自己的日程。我可以选择哪一天不上班、什么时候休假。我拿到博士学位、成为一名生活教练、写书，这些经历都说明我可以在任意地点开展工作。目前，我会每周定期上瑜伽课，每周的一、三、五是护士班，所以我必须留在伦敦，但是，如果需要的话，我出国工作也很方便。一想到赚钱能力是无限的，我就会有十足动力。”

唐娜（*Donna*），营销顾问－教练－活动组织人

“曾经，每隔几个月我就会出门旅行，要想在白天去看医生或做个头发简直是白日做梦。我希望提前下班后，能去看一看我的父亲或去接侄子放学。这些才是生活中真正重要的事，不是吗？我喜欢中午的新鲜空气……我喜欢参与为女性发声的活动和项目，这也是工作和生活平衡的方式。完成工作后，我会关上电脑，关上工作手机，关上办公室的门。家庭时光不可辜负。我能给的最好建议是，计算好每月的生活成本，再乘以三，将其作为你的备用资金。虽然我暂时没有养老金，但是我会计算好每月需要缴纳的税，单独设立一个账户，专门储蓄支付各类账单的钱。这样一来，每个月我就能收到一份薪酬，就像我有全职工作一样。”

我喜欢听这些故事，尤其是人们的职业组合跨度很大时，我能从中了解人们是如何把握好斜杠生活的。他们的故事说明，斜杠生活是个性化、个人化的职业组合，但是，没有一刀切的方案或唯一的答案，许许多多的人正在努力构建自己的斜杠生活，将不同的职业混合、组合。你也可以这么做。继续阅读接下来的章节，包括实例和提示，工作和生活的融合，避免职业倦怠，金钱和工具箱（第 7 章）。

第4章

打造个人品牌

“雇主或行业再也不会成为你的职业生涯的核心，你才是。”

——格温德琳·帕金（*Gwendolyn Parkin*）

融合职业公司（*Integral Career*）总裁

人们最常问我的问题之一是："如果选择了斜杠生活，我对自己的看法或身份会有什么变化？"我们要面对现实，许多人只图一个好听的职业头衔，只因为那些头衔能带来虚荣感。但是，许多工作正日益退出历史舞台，在全新的职场里，这些工作正变得无足轻重，这些因素都能够轻而易举地影响我们的职业认同。有人问我，在社会交往或人脉交往中，如何向他人介绍或解释自己的职业。这个问题很好，因为你的职业头衔不止一个，所以，到底哪个才是你的职业？如果没有一个精悍短小的职业称谓让人印象深刻，你又怎么能从他人身上获得满足内心需求的价值认同感？当我们讨论斜杠身份的优劣势时，人们时不时地表达出担忧。或许你会担心，如果没有在一家企业任职，你的个人身份或许听起来很弱。很多人不问自己心里的想法，认为职业必须和某个固定职场绑定，而我们喜不喜欢工作本身并不重要。很明显，我们如何看待自己、看待我们在这个世界的生存目的（无论是务实的还是理想上的），决定了我们会从事什么样的工作。（第 9 章将详细讨论建立人脉关系的方法。）

给自己的多重身份设定一个代言人

从什么时候起，我们的身份就和工作紧紧地绑定在一起了？我们重视工作、投入大量时间工作、与同事沟通，这些都说得过去，当然，工作也培养了我们。但我认为，斜杠生活方式能够充分挖掘自己性格上的潜力。由于隐藏的潜力充分释放，你的职业身份更加丰满，不再是一个有名无实的称谓，我们也会由此而收获更加真诚的伙伴。

我们之所以担忧无法解释清楚自己的职业，是因为我们过于在乎他人的眼光，也说明在当下的时代，越简短才越受欢迎。我们用推特自我营销，在领英主页上传简短的个人简历，为邮件主题想一个夺人眼球的标题。对于那些要花太长时间解释的信息，人们避之唯恐不及。我们自我推介的时间仅限于电梯开门前的短短几秒，时不我待。于是，在简历上多加几个连字符都会让对方误以为你缺乏归纳概括的能力。这种文化一时难以改变，你必须决定先介绍哪一种职业。在一些情况下，让对方一眼能从简历中看出符合需求的专长需要策略。成为斜杠人士意味着你无法全身心投入唯一的职业，因此，当你做自我介绍时，不必过于纠结是否需要把每一个职业头衔都解释清楚。的确，你的身份无法用简单的语言轻易地定位、总结或归类。因此，你需要事先准备好自己的电梯演讲，简洁明了地介绍自己的职业，在不同职业之间划出横线（见下方）。给自己的多重身份设定一个“代言人”，用它来总结所有身份。例如，我会说，我是作家和播音员。“作家”这一类别下，我还列出了写书、杂志文章和博文，“播音员”下列出的是家庭广播、播客和电视节目。虽然有很多连字符，但只有两大类职业。

准备电梯演说

1. 写下自己的职业，用连字符连接所有的称谓。

示例：目前的职业是“x”，但也从事“y”工作。

2. 一句话总结主导职业。

示例：整体而言，我的工作是……

3. 详细介绍为什么喜爱这份职业或目前的职业（人们喜欢听职场人回忆“为什么”）。

示例：我喜欢这些工作/工作组合，因为……它让我可以……

社交媒体出现后，无论我们接受与否，个人在线简历已经成为我们在网络世界的代言人。当人们在嘲笑“网络个人品牌”这个概念时，殊不知只要注册了脸书或照片墙账号，你就已经建立了个人品牌。有个人简历、个人照片、职业和具体业务。网络上的我们不止一副面孔：多元化甚至看似水火不容的兴趣，不同的观点，我们躺在家里的沙发上发送推特信息，回答在线问卷调查，在脸书状态上分享政治主张，在博客或品趣志（*Pinterest*）上表达希望和梦想。在互联网的世界，我们就是个人品牌的推销者。尽管我们的信息偶尔会遭受审查，但大多数时候，在网络世界中，我们的角色就像个创世者，培育着个人网络世界上的一草一木。

身处这种推特简历文化之中，你必须在第一时间抓住别人的眼球。我们需要利用照片、简历和文字，在网络上快速地给他人留下深刻印象。博得眼球和注意力的竞争日益激烈。密苏里科技大学（*Missouri University of Science and Technology*）的研究者认为，"一个在线访客浏览你的公司网页、对企业品牌形成第一印象只需五分之一秒。吸引访客的注意力，让对方留下印象的机会不过2.6秒。"

过去我以为，走进一间屋子时，必须看起来或听起来震慑众人，才算是成功。当我辞去康泰纳仕（*Cond^é Nast*）的工作后，一番新天地在我眼前展开。我走进一间屋子，完成自我介绍后，人们很快记住了我，因为他们把我和一个家喻户晓的媒体节目绑定了，这样一来，我的名字就更好记了。现在，我更享受电梯演讲，挑战在这么短的时间内推销自己和自己的作品，并且做到与他人熟识。

即使现在的我更快乐也更富有（依照字面含义），总结职业和快速介绍我的作品依然难度不小。我没有采用简单便捷的懒人方式。当我做自我介绍时，我没有求捷径，期望别人明白我的职业。我会列出很多工作兴趣和爱好，如果人们没有兴趣，也不要紧。重点是，我喜欢这些工作，能从中获得酬劳，连字符连起来的是我们与这个世界的联系以及我们的职业。

在接受《大西洋》（*Atlantic*）的采访时，《做你所爱：成功和幸福的其他谎言》（*Do What You Love: And Other Lies about Success and Happiness*）的作者宫德光（*Miya Tokumitsu*）说："当我在非工作时间段与人打交道时，我做了个小试验，不询问对方的工作或要求对方不询问我的工作，看一看我们能聊多长时间。实际上，很难超过4分钟。"很明显，我们总是忍不住谈论工作，以更好地了解对方。这个问题难以避免。多重身份在职业和个人之间设立了一堵墙。你是个组合体。职业称谓无法概括我们的全部。

我常思考，社交媒体是如何教会我们更加勇敢、更敢于表达自我的。有研究发现，我们的手机比父母更了解我们的点点滴滴。我想，在职场方面，我们的想法、观点、兴趣、个性特征的重要性都将日益凸显。现在，我们能够展示出更加完整的自己，仅仅呈现职场角色或是家庭角色都会是更加困难的事。

借助平台提升自己的价值

过度沉湎于网络中的自己同样存在风险。因为你偏爱网络世界带给你的感受，以及你在网络世界中的形象，所以，你会在网上耗费更多时间。网络世界中的你比现实中的你更受欢迎。然而，现在的我们，无论是在工作中还是在闲暇时间，都在网络上投入了过多的时间，每一个人都难以避免地面对这个最终结果。要拒绝诱惑很难。然而，互联网也有优势，那就是在任何时候，你都可以创建个人品牌或改造个人品牌。你可以立刻把一个在现实生活中显得荒唐的创意变为现实（开网店，融资，制作产品，找个听众作为推销对象）。全新网页、营销策略、精心设计的公关活动、新颖的故事、甚至是某个员工的私人粉丝，都可以让一家名声日益衰落、利润下滑的企业重获新生。《今周刊》（*Business Today*）的报道称，星巴克（*Starbucks*）“借助社交媒体，针对消费者需求开展业务，成功地躲避了 2008 年金融危机”。星巴克建立了支持多国语言的脸书页面，为各个平台上的消费者提供售后服务和菜单，还在受欢迎的“油管”上推出视频短片。2003 年至 2004 年，乐高公司（*Lego*）正在经历濒临破产的衰落期，此后，公司开始与大型社交媒体合作，进行电影授权，最终不仅绝境重生，还实现了利润的快速增长。最初，只有一小部分人在社交媒体上转发“#帮助加来”（*#HelpCalais*）的标签，仅仅十几年后，这个标签已经成长为有百万英镑资产的非政府组织“帮助难民”（*Help Refugees*）。

如果一个人想开创新职业，也可以效仿以上案例。思考如何借助各类平台提升自己的价值。你可以借助互联网，以多种方式宣传自己和自己的产品。感谢科技，人们可以与全世界分享一切。任何小人物都可以从网络世界中得到关注。问题在于，我们是否需要在网络世界中坚持自我本色，还是打造一个网络形象，同时开展不同的项目。

《自拍 ：我们如何变得如此自恋，自恋对我们又会带来什么影响》（*Selfie: How We Became So Self- Obsessed and What It's Doing to Us*）的作者威尔·斯托尔（*Will Storr*）在自己的书中提到了“空白视角”（*the blank slate view*）这一概念。它意指任何人都可以成功。每一个人的起跑线都是一个相同的空白空间：“我们愿意听别人说，每个人都可以成功，这一说法对许多人有着天然的吸引力。这是一个人人爱听的故事，我们的文化也喜欢重复地提起这个概念。但事实并非如此。”每一个人的人生起跑线并不是相同的，从同一个起跑线开始奔跑的能力也并非相同。人们普遍认为，条条大路通罗马，有人就生在了罗马。但这个观念也正在改变。数十年以前，如果没有“关系”，一个人是不可能进入一个具有竞争力的行业。然而，在互联网时代，我认为，每个人都能成功的可能性更大了。我们的意见可以更加快速地上达视听。至少，现在的我们面临着最好的机会。老一代的守门员正逐渐离场。和互联网出现以前的时代相比，成功的概率更大了。社交媒体出现以前，人们无法轻点鼠标即刻联系，那么，有没有“关系”的确是个要紧的事。这个世界依旧充满了各种不平等，但我相信，技术带给我们动力，让我们能够跨进梦想中的大门。我希望，技术能够帮助我们打开更多的大门。

全面认识自己

自从有了多重职业身份之后，我觉得做回了自己。由于把生活和工作融为了一体，我并没有感受到工作和玩乐之间的明显界限。我有多重性格，每个性格的需求不同。你也一样。一个斜杠职业者培育和滋养每一个“小我”，让它们茁壮成长，发挥合力，帮助我提升专业技术、综合能力。

如果有人知道你在工作时的真实状态，你或许会感到尴尬和难为情，巴不得立刻完成任务然后离开。我有过同样的经历。当我的老板（女性）在会议上盘问我的约会情况时，我就像《怪奇物语》（*Stranger Things*）里神秘消失的小男孩一样，恨不得蜷起身子立刻找个洞，钻进另一个空间。谈起个人和职业角色之间的关系，无论是坐在办公室里的我们还是私下的我们，我们是什么样的人、我们的信念是什么，都会对我们产生影响。社交媒体早已渗透生活的方方面面，因此，“工作时的你”和“休息时的你”难以泾渭分明。我认为，应该鼓励年轻人在职场中更多地做自己。做自己，更有利于展现优异的实力，从而为工作带来积极成效，例如，有见解、活跃、良好的公共演说能力或其他任何自己在职场中隐藏起的天赋，一旦曝光，都有助于你更好地完成工作。

社交媒体意味着工作中的我们和生活中的我们将融为一体。无论是在办公室还是在家里，只要花几分钟就可以在推特、脸书或照片墙上发信息。互联网让我们能够展现自己的不同面：喜好、孩子、宠物、兴趣、职业选择。这些不同面共同拼成了生活的全景图。同样的，借助网络，我们可以“在线跟踪”同事，找出他们身上相互矛盾的特点。这就像是小时候，你在学校以外的场合看见穿着便服老师的感觉一样：原来，老师也是个普通人，会做普通事。如今，把网络和现实生活分开的确很难。

有一种说法一直流传：“在工作时做回完整的自己。”2015年，麦克·罗宾斯（*Mike Robbins*）在伯克利（*Berkeley*）组织的泰德（*Tedx*）演讲使用了这个标题。它是什么意思？麦克说：

> 对于组织来说，尤其到了21世纪，让我们真正有满足感和成功感的，就是在工作时做回完整的自己。每个人都无一例外。天赋、才华、恐惧、疑虑、不安全感等等，都很重要。无论是对于个人还是对于机构而言，不论机构规模大小，巨大的勇气才是支撑发展的动力。

其实不必害怕对话遇到尴尬。当生活遇到困难时，与他人诚心交流，与同事来一场真正的谈话。在我的斜杠职业中，经过努力，我终于可以在工作中做回真正的自己。我的性格中的多个方面受到激发，在不同的情境下，施展不同的技能，与不同的人交流。

在职场上做回自己

纽约大学法学院（*NYU School of Law*）的吉野贤治（*Kenji Yoshino*）和德勤大学包容领导力中心（*Deloitte University Lead ership Center for Inclusion*）执行校长克里斯蒂·史密斯（*Christie Smith*）发表了一篇题为《包容的新模式》（*A new model of inclusion*）的论文，讨论允许和鼓励员工做回自己的企业理念是如何帮助于企业实现了内部的多元化。

研究结果认为，隐藏真我导致个人失去存在感，而员工心里期望的结果却恰恰相反。我们假设，隐藏真我将让我们出类拔萃。我们常常惧怕自己显得出众，不敢做挑战现状的领头羊。我们认为，隐藏真我能帮助自己快速融入集体，顺利开展工作，但实际上，我们需要更勇敢地展现真实的自己。

为什么一些人认为有必要在工作场合隐藏自己的部分性格？研究结果揭示了一些令人遗憾的原因："女性或许会说，她们正赶着参加厂区外的会议，而不是说赶着去接放学的孩子，因为担心后一个理由会导致老板更重视没有小孩的同事。"当我读到，有一部分女性要在工作场合假装自己没有小孩时，不禁为这个糟糕的现状感慨，这说明，在大多数时候，偏见普遍存在。斜杠生活鼓励人们展示自己的复杂性和多样性，你可以全方位地展示自己，无须隐藏什么，因为这种工作方式正合你意。每一个人都可以做自己，无一例外。

在工作场合，如果我们隐藏了自我，我们就无法与同事结成良好的关系，因为同事认识的只是我们性格中的一小部分，正因为如此，我们需要更加努力地隐藏好其他方面的自我，好让老板或同事不起疑心。

隐藏一部分真我和身份并不完全是性格使然。“29% 的调查对象称，他们隐藏了自己的存在感。报告称，女性倾向身着偏男性化的服装，因为她们认为，男性化的着装会让同事更重视自己。”我们应当在职场中展示其他方面的真我，提高工作生活的质量，和同事、客户建立更稳固的关系。我们需要探索自己的各个方面，向他人展示自己为工作创造的价值，希望他人可以用更加开放的心态面对我们。

做自己也有利于身心健康，提高企业生产率。长远来看，无论是对企业还是对自己而言，隐藏自我或假装成别人都是毫无益处的。

个人品牌不是新鲜事

或许你已经发现，现如今，人们对“个人品牌”这个词已经有点儿审美疲劳了。但是，我们过去太过于依赖个人品牌。打造个人品牌建设听起来新奇，但其实已有些历史了。个人品牌的概念已经存在了数十年，甚至好几个世纪。你的姓名就是你的个人品牌，你的职业就是未来雇主选择你的原因。你是谁永远是个重要的命题，但在社交媒体时代，这个问题更加重要。你的谷歌主页就是你的个人简历。你的推特就是你的个人陈述。你的网页就是顾客认识你的窗口。你对字体的选择都不可大意。网络上的每一丝痕迹都反映出你是谁。即使你从没上过网，你也有个人品牌。但假如你想参与网络世界的活动，你必须会为自己和自己的作品打造品牌。

终极软件公司（*Ultimate Software*）人力资本管理创新部门（*HCM innovation*）副总裁塞西尔·阿尔佩尔－勒鲁（*Cecile Alper-Leroux*）认为："通过与客户对话和媒体报道，我们发现，人们的身份和职业之间的关系在悄然发生着变化。一些员工的身份和职业的关系并不大。"因此，他人无法仅凭工作判断我们的身份，我认为这是件好事。这说明，媒体报道和社会压力无法再逼迫我们选择某份工作了。我们只会选择适合自己的工作。现在，我们有了更大的自由，可以找寻不同的职业发展路径，尝试着发挥性格多个方面的优点。

打造网络个人品牌的 3 个提示

1. 曝光度：建立品牌，首要的是持续地保持高曝光率，在固定时间发新帖，让人们常常见到你。你可以使用类似"图标广场"（*Iconosquare*）的第三方数据分析工具来追踪自己的社交账号，找到发布新帖的最佳时间。质量优于数量，但是勤奋地发帖也是关键。

2. 独特卖点：和其他任何品牌一样，精准地找出自己的个人特色。从同龄人中脱颖而出吧。挖掘出工作的真正动机，表达工作意义。保罗·亚顿（*Paul Arden*）的书《无论你在想什么，反过来想》（*Whatever You Think, Think the Opposite*）值得一读，反向思考是一项很好的练习，能够帮助我们挑战自我、挑战直觉。通常，我们总是随波逐流，但是，你需要向自己的直觉和本能发起挑战，打破常规思维。

3. 合作：和你仰慕的、三观匹配的对象合作。你选择的合作对象能够反映出你是什么样的人，也折射出你的个人品牌形象。

个人品牌的意义

建立个人品牌不是为了满足虚荣心，也不是为了增加照片墙账户的粉丝或让自己看起来很美，而是为了迎合创新趋势。互联网的发明让我们的职业安全感不如以前，任何一个有能力的人都将成为你的对手，而不仅限于你的同事。互联网发明之前和发明之后的初期，你还不需要为此过度担心。你赖以谋生的工作有可能就是那份从事一生的工作，因为被其他人抢走饭碗或公司面向全球招聘人才的可能性都微乎其微。现在，情况就不同了。《纽约时报》（*New York Times*）的专栏作家汤姆·弗里德曼（*Tom Friedman*）一语中的："如果你面临着一个挑战，为什么非得用公司里的员工来解决问题呢？因为这个员工恰好是全球最优的概率实在是微乎其微。”现在，企业会通过寻找承包商和外聘专家来执行具体项目。未来，随着企业的快速转型和发展，企业或许不会再录用全职员工。企业更有可能根据具体项目的具体需求，转而向第三方外包公司寻找最合适的人才。当然，这听来让人担忧，除非你早有准备。

打造个人品牌是斜杠职业的最好策略，因为在你的工作人际网中，将会有越来越多的人知道你是谁、你在做什么，这意味着更多的收入机会。未来，大部分人都将成为外包项目的临时雇员和个体从业者，企业也将选择外包而不是雇佣全职员工，无论你的技能是小众的还是大众的，或是两者兼有，你都需要让自己脱颖而出。你认识谁不重要，重要的是谁认识你。

个人品牌为什么始终奏效？5 个原因：

1. 我们生活在一个日益视觉化的世界：在无数竞争者组成的茫茫人海中，人们可以轻易地辨别出你的职业形象和气质。

2. 网络形象永存：未来，我们的社交平台或许会和现在不同，我们所喜欢的社交平台或许都会被淘汰，但是，我们的个人品牌将不断改善。即使平台不同了，我们的品牌也将得以永存。

3. 我们需要增加互信：在未来的网络世界和网络职场上打造 100% 真实的个人品牌。人们根据具体的人而做出决策，因此，个人品牌十分重要。

4. 未来的招聘方式：许多企业已经开始通过在线搜索引

擎对申请者进行调查，因此，经营好在线个人形象有助于获得工作。

5. 如何吸引真诚的人际关系：借助真实有影响力的个人品牌，人们能在几秒钟内就了解你的性格、你的想法、你的初心、你的职业。这意味着我们可以结识志同道合的朋友，或搜寻到合适的项目合作者，或更容易地为团队找到最合适的新员工。

自我营销，保持真我

随着网络创业者人数的增加，自我营销成为我们习以为常的做法。人们在照片墙上发布新项目、寻找合适人选已经见怪不怪了。但是，这究竟是工作还是玩耍？如今，在网络连接的社会群体中，被人关注就是一种奖励。点赞、评论、粉丝等都可以转化为实际的利益。无论是免费服装，免费海外奢华旅行或仅仅是对我们的工作有兴趣，粉丝都可以变现。粉丝是有价值的。如果有了更多粉丝，你是否更有可能被邀请参演电影或出版书籍？可能性很大。这公平吗？不。但人是社交动物，他人关注的目光总是让我们享受其中，由此产生了自我认同感，于是，我们忍不住采取各种方式，以获得更高的关注度。如果我们陷入了需要借助自我营销才能出人头地的地步，最终也如愿以偿，我们也不应承担所有过错。吹牛和营销是不同的。这取决于我们生存的社会环境，我们不得已而为之。不推销自己是无法获得更多工作机会的。你本人就是一项生意，你需要竭尽所能地自我营销。但是，我们不需要自我夸耀或一刻不停地自卖自夸，否则会产生反作用，导致竹篮打水一场空。

自我营销不做作

· 自我反思：确保人们都知道你的营销目的。是因为你为此骄傲、很快乐、很担忧、想得到一些与众不同的，还是干脆公开自己只是需要钱？这会让营销更显人性化，显得更加坦诚，而不是在播客上平白无故地提出要求，不解释原因或向朋友和粉丝隐瞒真实原因。

· 制作自己喜爱的内容或吸引他人兴趣的内容：以自己分享的内容为骄傲。这看似不言而喻，但是，如果你制作 / 打造 / 发起一些你自己感兴趣的任务，推销对你而言就是真情流露的表达，你会显得自然大方，而不是感到心虚和难为情。

· 用自己的语气：自我营销的最独特手段就是使用自己的语气说话。以最接近自己平日说话的口吻写下自己的观点。过于刻意地想显得“真实”反而会让人觉得做作。最好的方法是，想象平日里自己和别人说话时的模样，以日常对话的口吻介绍自己。

· 不苛求自己：或许你也曾建议朋友全力以赴，不要杞人忧天，不要先入为主，所以，坚持自己的决定吧。如果你的表现未得到回应，天也不会塌下来，过了今天，你还可以试试其他办法。对待大多数工作的方式，就是不把它们放在心上，这样一来，你对这些日常微小风险的防御力就上升了。你或许经历过一些微不足道的失败，这不算什么。

· 说给对的人听：如果对方愿意听你说话，自我营销就不会让人觉得是自己纠缠不清。要与观众建立这种碎片化的亲密关系的好办法就是发送新闻通讯。你可以选择发送对象。这样，你就不会感觉自己好像对着一个空房间或一个喧闹的房间呼喊，而应者寥寥。

在职业称谓之后加上“自我照料”的标签

如果在诸多职业称谓之后再加上一个身份，但是这个身份却和工作无关，你怎么看？今年，我的邮箱里收到一本名为《自我照料计划》(*The Self- Care Project*)的书，作者是杰恩·哈代（*Jayne Hardy*）。这本书的扉页上，她写下了一些关于心理健康的话，对此，我长期以来深有同感：

我想念写作——直到抑郁症吞噬我的快乐，冲垮我的自信以前，这都是我长期热爱的事业。我决定写美妆播客，这或许能帮助我照顾好自己。为了写一些关于美容产品的博客，我必须使用美容产品，从中学会自我照顾的能力！在那个小小的博客上，我学着用不太自信的方式写作；播客让我有了方向感，让我把注意力从自杀的念头中分散出来，给写作注入了愉悦之情，让我的生活重获阳光。

往生活添加另外一种个人身份绝对是一种自我照料。人们在添加自己的副业时，大多数时候是为了让别人知道自己的副业是一项冒险的大事业，其实不必非得这样。我认为，副业能够让我发现自己在工作领域以外的创造性。副业是只属于我的一方天地，这里的一切由我掌控。自我管理的形式可以是多样的，关键是你正在全身心地为自己、自己的精神健康或心情放松而努力。尽管每个人采取的方式不同，但是，当我们腾出时间做一些主业和家务以外的项目时，能够感受到自己对人生的掌控力，同时，自己的精神也受到了滋养。

定期去做一些自得其乐的事情不是因为我们自私或甘于自我沉溺，实际上，这对我们的健康福祉是至关重要的。在汤姆·巴思（*Tom Bath*）和吉米·卡特（*Jim Carter*）联合发表的博士论文《你的职业，健康和你的身份》（*Your Career, Well-Being and Your Identity*）中，他们总结出健康的基本定义是："根本上，我们都需要做些什么，最理想的状态是，每天清晨醒来时，叫醒我们的都是梦想。"至于职业，在主页之外承担一些自己享受的副业的确可以产生积极影响："如果你没有机会去定期做一些自己喜欢的事，哪怕不是为了赚钱，而是单纯地因为热情或兴趣，那么，你在其他领域获得高水平健康福利的概率将快速下降。”

最近，纽约时报做了一期职业倦怠专题，我们对这个词已经很熟悉了（接下来还有一个专门讨论职业倦怠的章节），尤其是在当下的职场，只要我们一不留意，就很可能发现自己一周 7 天、一天 24 小时都在工作。纽约时报的这篇文章认为，击退职业倦怠的方法之一是“在工作之外有一项兴趣用于减压、缓解焦虑、逃离工作”。去做一件放松身心的事，你也不必担忧它会带来更庞杂的工作任务，这很重要。

自我照顾不只是时不时地购物犒劳自己。追求“舒适”（*hygge*）再次成为新趋势，这个起源于丹麦语的单词指日常生活中的仪式带来的简单惬意的感受，如今，这个概念已经成为强大的商业噱头。购买昂贵的蜡烛或人造皮毛地毯成为自我照料的标志。当然，照料自己不仅仅只是到美体小铺（*The Body Shop*）挥霍享受，我们需要确保这些活动能够弥补生活方式撕开的裂痕，让我们更有能力提升自己的表现，有时间认识到自己、大脑和身体的重要性，在繁忙的工作中，我们应该腾出时间爱自己。

在一项研究中，研究科学家佐拉娜·伊夫切·普林格尔（*Zorana Ivcevic Pringle*）发现，与那些较少参与日常创造性活动的同学相比，每天参与创造活动的人，例如拍照、制作拼贴画或在文学杂志上出版文章的人思想更加开放、好奇心更旺盛、心态更加积极、更有活力，他们也因为参与了活动而增强了参与动力。日常创造性活动也有益于身心健康、提升满足感。

传统观念认为，“创造力”和“疯狂”在某些含义上是重合的，这个观点并不正确。今年年初的一项研究发现，全科医生在开处方时，如果在书写时加入艺术创意元素，病人的住院率将会极大地降低，从而节省国家医疗服务体系的开支。拥有一个让你更有创意、更加开放的斜杠身份吧，发挥这些在生活中其他方面都使用不到的技能，你的人生将与众不同。从事一些能够让你完美展示自我的活动能够增添自信，从而敲开更多的机会之门。有了斜杠职业组合，你就不会得错失恐惧症（*FOMO：Fear of Missing Out*），因为你知道你正在自己设定好的轨道上前行，享受自己一个人的旅程。

第5章

重要的是工作深度，而不是工作时长

"不难想象，20 年后，社交媒体对大脑的影响相当于吸烟对肺部的影响。"

——扬西·斯特里克勒（*Yancey Strickler*）

众筹网站"募资网"（*Kickstarter*）首席执行官

我很喜欢使用《城市词典》（*Urban Dictionary*），相较于标准字典，我更偏好它的解释和口语化的内容，它们更加真实，有趣，显然，偶尔还显得粗鲁。当我输入“职业倦怠”一词时，出现了以下的解释：

由长期焦虑和挫败感导致的情绪和身体疲劳；企业无法避免的情况，员工频繁出现不专业行为，漫不经心地拒绝一切工作，重点是一种万事不在乎的独特气质。

这就是事实——就我自己的表现来说，这也是我对职业倦怠的定义和观察体会。如果我因焦虑而失去工作兴趣，取消所有会议，和同事朋友说话时不耐烦，浑身散发对工作无所谓的气质，我就知道我有了职业倦怠。我明白，自己需要改变工作方式，自我反思，开始重视这个问题并保护好自己的精神健康，并采取一些行动。

当然，我也应该写出职业倦怠的官方标准，心理学博士、工商管理硕士大卫·巴拉德（*David Ballard*）认为：“职业倦怠可以被认定为‘长时间持续的精疲力竭，缺乏对一切事物的兴趣’。”

即使我是一名斜杠人士，我也不是无时无刻地挥舞着弹性工作的大旗。我曾在僵化、缺乏弹性的组织结构中工作过好些年，我明白，自己毫无选择。人们缺乏知识，不了解有哪些不同的工作可供选择，也不清楚是否存在弹性工作的可能性（问题的另一方面在于，每一个人都以不同的方式偏离工作规则，这也是难以驱散的劣迹）。

2017 年，咨询公司“顺时”（*Timewise*）的报告表明，“在英国，有 870 万人尚未采取弹性工作，但如果有机会，他们愿意尝试。”

当年，我曾在顶尖媒体公司工作，身处快节奏工作中，我开始认识到，由于长时间工作和老板无休止的严苛要求，我已经不堪重负。我曾经在加班时小声抱怨，却被老板听到，于是，老板对我大喊：“等你死了，就能睡了！”当时的我精神负担极大，一个晚上跑 18 趟洗手间，要知道，跑洗手间的次数达到 20 趟左右是不正常的。我去看了医生，检查结果显示，我的膀胱没有问题，焦虑才是罪魁祸首。如果工作忙到没时间上厕所也会得膀胱炎。这是两个极端的案例，但是，我们的焦虑通常会潜伏好几个月、甚至好几年。职业倦怠患者数量正在上升。

世界的变化日新月异，我们无时无刻不想要克服被他人忽视的恐惧感。一般来说，个人和群体都害怕变化。我们害怕自己的生活发生变动，希望现有的生活方式永远持续下去。人们害怕职业变动的原因在于，他们担心一换工作，一切就要重来。但是，工作节奏正在发生改变，换工作不一定意味着倒退回原点、需要重新学习和再培训。许多新兴起的与互联网相关的岗位只不过需要亲手敲键盘的而已。

现在，我们的焦虑感日甚一日。普华永道（*PwC*）开展的一项对初、高级员工的问卷调查表明，“在英国，三分之一的劳动力正在经历焦虑、抑郁和压力。”这项调查还表明，在因压力和焦虑而请假的员工中，“39% 的人表示，他们并不愿意向老板坦诚自己面临的问题。”或许，我们会选择在酒吧里向朋友倾诉心中苦闷，或在论坛的匿名板块中抒发心情，但我们并不愿意在职场公开谈论这个话题。但是，我们却以其他方式过多地分享了私人感受：在推特上发自己的早餐照片，在播客上记录性生活，在脸书上分享即兴拍摄的个人照片和投票支持的政党。但是，我们与工作的关系、我们在工作中面临的焦虑感却依然是一个避而不谈的话题，人们难以细致地将这份感受表达出来。

照片墙展示的是生活的美好一面，在即时通讯程序“瓦次艾普”（*WhatsApp*）私人群组中，我们对朋友敞开心扉，坦诚地表达焦虑和恐惧。真实的我们是亚历克西斯·C·马德里加尔（*Alexis C. Madrigal*）所说的“暗黑社交面”，也就是我们的私人信息。“暗黑流量”（*dark traffic*）也是个有趣的概念，描述的是“人们通过邮件、短信和私信分享网页链接”。因此，对话无时无刻不在发生，链接也无时无刻不处于分享状态之中，但在私人信息中，我们无法始终注意到这些链接。我们在个人主页中看到的信息不过是冰山一角。

对裁员、努力不足、过度加班、职业倦怠的恐惧，对迈向自由职业生活的恐惧，害怕自己缺乏换新工作或开展副业的勇气……看来我们迫切地需要一个指路人，毫无保留地告诉我们如何平衡好工作和生活。一些人生活是为了工作，一些人工作是为了生活。但是，我们也有着共同点，陷入了一样的困境。我尤其感兴趣的是，我们该如何让科技为我们服务，而不是与我们为敌，让科技带给我们更多自由，减少我们的焦虑感和压力感。

多重职业并不鼓励长时间工作，而是注重短期内效率的爆发。人们将有更多的空闲时间、更好的精神状态。这是一种不同的工作方式。当然，这和许多人想象中的多重职业不同，他们认为，我们都是工作狂，一周七天马不停蹄地工作，在周末从事副业，把自己搞得筋疲力尽。

2016 年，综合社会调查（*General Social Survey*）开展的问卷结果显示，自 1972 年起，调查人员追踪了美国社会的态度和行为，发现 50% 的调查对象因职业倦怠长时间地感到疲惫，而在 20 年前，这个比例只是 18%。我们是否需要责备科技？或许吧。我们无法否认科技的重要性，但是，我们是否还需要老板为自己划定工作的界限？老板是否需要率先垂范？我想答案是肯定的。

东肯塔基大学（*Eastern Kentucky University*）制作的美国信息图表显示，由于职场压力，公司需要每年花费 3000 亿美元用于购买健康保险和弥补缺勤导致的成本损失。这就是在一个僵化的组织结构中，老板不断逼迫员工付出、再付出的结果。弹性工作制能够改变我们的工作方式，调整我们为自己设定的工作底线，我们可以在一个更加宽松的环境里完成工作。我们必须相信自己的员工能够以自己的方式完成工作。

当我从书上得知了研究人员内森·克莱德曼（*Nathan Kleitman*）的突破性发现，即大脑保持注意力集中的时间仅介于 90~120 分钟之间的范围时，我立刻对各项任务进行了严格的时间分配。我不是想着一天内能完成多少任务，而是想着在两项任务的间歇时间内，我如何能够挤出 90 分钟的时间，能完成什么工作？与成为斜杠人士之前的我相比，我的工作时间减少了，效率却提高了。因为我抓住了效率处于最高峰的时间段来完成工作。有时候，如果我马不停蹄地工作一整天，我甚至能在 90 分钟的时间内超额完成任务。

科技模糊了工作和玩乐的界限，这是前所未有的事，科技还带来了全新的交流方式，这些有好处（弹性！），也有坏处（职业倦怠）。2018 年《卫报》（*The Guardian*）的一则报道称：“人们以为，科技解放了每天埋头苦干的我们，但结果往往事与愿违：2002 年，有不到 10% 的员工在办公室以外的时间查阅电子邮件。如今，在平板电脑和智能手机的帮助下，50% 的员工会在起床前查阅电子邮件。”现在，我们需要和朋友、同事讨论这个话题，公开地承认自己过度疲劳。

另一件重要的事情是，我们不必害怕说，“我不知道自己未来的职业发展方向”或“我感觉自己在网上浪费时间。”现在，有困惑感是正常的，但是，如果你疲倦不堪或感到沮丧，就需要给予重视，为自己做主。这不是要你倒退回传统的雇佣方式，而是鼓励你利用闲暇时间开展自己的业务，在动荡的劳动市场上，为自己打造一个强大的能量保护罩。在一个脆弱的时代，我们需要利用可获取的资源，放手一搏。但是，我们也需要了解自己的边界和极限。什么事会让我们抓狂？我们要尽多大的努力才能阻止事态每况愈下？对每一个人而言，工作和生活的平衡具体是什么样的？我们能容忍的变动最大能到什么程度？

有些时候，科技像是一场午夜盛宴，让我们大快朵颐。科技无所不在。多数人可能正处于职业倦怠的边缘，或曾经在某个时刻经历过职业倦怠，或目睹朋友饱受其困扰。当你不断逼迫自己，最后油尽灯枯，败下阵来，你将得不偿失。你把自己油箱里的燃油耗尽。职业倦怠席卷而来，侵蚀你的精神，击垮你的身体，直到我们再次往油箱里加足汽油。

定位职业倦怠

· 注意自己是否对任何事、任何人都感到愤世嫉俗

· 比往常更冷漠，毫不在意项目成果

· 曾经认为简单的任务变得困难或难以完成

· 身体症状——生病、免疫力低下，有疼痛感

· 自我隔绝，缺乏精力

如果出现上述症状，如何预防职业倦怠？

· 睡眠至上[建议阅读马修·沃克(*Matthew Walker*)的《意识、睡眠与大脑》(*Why We Sleep*)，蜷缩身体入眠]

· 增加说“不”的频率，虽然艰难

· 取消任何让你感到焦虑的活动

· 注重待办事项列表中的重要事项，不为了加班而加班

· 自我管理，呼吸新鲜空气、与自己独处和做一项让自己放松的创意活动

· 回顾过去，写下自己的压力来源，子弹日记有助于做好这项练习

· 每天清晨在床上躺几分钟，而不是立刻查看手机

· 把感到头痛的任务分解为碎片化的块状任务

睡觉不丢脸

我们常不自觉地对那些秉承睡眠至上理念的人抱有偏见。然而，当小孩睡个不停时，我们不会怪他们懒，因为他们在长身体！美国国立卫生研究院心肺血液学研究所（*National Heart, Lung , and Blood Institute*，*NHLBI*）认为，睡眠至关重要。“睡眠不足会导致身体和精神健康问题、各种损伤、生产率下降甚至死亡风险。”所以，为什么我们还会认为睡眠可有可无，放任工作蚕食睡眠这一珍贵的财富？我本人就是个瞌睡爱好者。有时候，当我说出这句话时，我感觉别人看我的眼光都不一样了，因为在我们的文化里，爱睡觉不是件光彩的事，人们习惯把打瞌睡等同于懒惰和不上进。但是，我发现打瞌睡对生活和工作有很多好处。打瞌睡让我能工作更长的时间，有更好的精神状态。这样，我对

生活和计划的掌控力也增强了。我把一天分解为若干时段。科学家证明，60~90 分钟的午歇时间能够给大脑充满电，其产生的效果和 8 小时卧床睡眠是一样的。

在西班牙马德里市的水疗中心和健身房，出现了不少瞌睡一族，于是一家名为“睡了就走”（*Siesta & Go* ）（多酷的名字）的“睡吧”应运而生。当然，西班牙素有午睡传统，但我们可以想象一下，假如在世界各地，每一个人都能找到地方午睡，那有多棒！抵达睡吧后，你可以从菜单上选择单间或混合客房。午睡按分钟或小时预约，价格为 8 欧元（每个床位每小时的收费）到 14 欧元的单人间。你可以提前预订，也可以直接入店。真是天才的商业创意。

85% 以上的哺乳动物是多相睡眠者，也就是，这部分动物将睡眠分解成多段式，而不是像人类一样，采取一天一次的睡眠的方式，这项研究结果认为，我们的睡眠习惯没有和其他哺乳动物保持一致。埃莉诺·罗斯福（*Eleanor Roosevelt*）、温斯顿·丘吉尔（*Winston Churchill*）、列奥纳多·达·芬奇（*Leonardo da Vinci*）和阿尔伯特·爱因斯坦（*Albert Einstein*）都是爱打瞌睡的名人。

在《意识、睡眠与大脑》 一书中，马修·沃克指出，缺乏睡眠会带来致命性的后果，他称那些骄傲宣称自己不需要睡眠的人为“不眠精英”。他告诉《商业内幕》，“睡眠不足将耗尽体内的‘自然杀伤细胞'存量”，这种细胞是一种淋巴细胞（白血球细胞），能够杀死肿瘤和病毒细胞。一个晚上 4 到 5 小时的睡眠能够将身体内的“自然杀伤”细胞数量减少 70%。睡眠不足等同于自杀。

书中还介绍了科技如何改变着我们的睡眠模式。美国睡眠基金会的官方网站 sleep.org 发布的调查显示，在 6-17 岁的青少年中，72% 的人在夜里入睡时，卧室里至少有一台电子设备。手机屏幕发出的蓝光能够抑制褪黑素分泌，亮光让大脑保持警惕，更不用说手机发出的光了，手机的振动和声音足以让我们一整晚反复醒来。

副业与爱好不同

当我们因职业倦怠勉强支撑着身体时，恶果将逐渐显现。需要指出的是，并非任何事都能发展为赚钱的理想副业。我们需要为自己保留一个神圣的空间、一个纯粹的休闲空间。从事感兴趣的活动并不是要求你立刻把它们变成生意。例如，如果你喜欢沐浴，并不意味着你需要立刻开网店，出售沐浴产品。我的意思是，你可以这么做，但也有可能，你对沐浴的喜爱，仅限于它是你期待已久的放松时刻。注意两者之间的不同。保护自己的爱好。（但是，如果你在工作之外还有一项技能或兴趣可以用于挣钱的，这真的是太好了！）

共享工作放飞自由，扩展视野

我们来谈一谈共享工作。共享工作能让人们弹性地从事职业活动，在办公以外的场所开展其他的副业。在我之前任职的杂志社里，有两位编辑共享一个职位。一个人在周一和周二上班，另一个人则在周三、周四和周五上班。他们通过邮件和电话交接工作，也认真负责地处理自己的日常事务，确保工作无缝衔接并互相支持。

在观察了他们的工作制度后，我感到十分惊讶，这种工作方式竟然是可行的！人们能够按时完成工作，而且成果喜人。在共享工作中，老板也是赢家，因为花了一份薪水，得到的是两个人的脑力活动。是的，两位编辑平分这个职位的薪水，但在各自休息期间，他们还是自由职业者，从事兴趣活动或其他工作，这些活动以不同的方式为他们带来满足感和额外收入。两个人依旧向其他机会敞开着大门，不断结识新的合作伙伴，赚取额外收入，与此同时，把握好主业，确保主业的收入得以维持生活。

我曾经采访过林赛·弗兰克尔（*Lindsay Frankel*），她是《泰晤士报》的记者，也是我的前同事。林赛还和我在同一间办公室里从事共享工作，看起来更像是工作为她服务。当我发现林赛十分积极地争取共享工作的机会时，我备受鼓舞。她说，“我没有小孩，竟没有早一点想到这可以是一条出路。”我问她是如何鼓起勇气追求新生活，因为在当前的社会，这种职业身份还没有被大众普遍认同。她说：

给我提供工作机会的编辑建议我思考自己适合什么样的工作。每当我获得一份新工作时，我的眼界就更加开阔，也让我意识到，我有能力腾出更多时间陪伴老母亲或者和侄子 / 侄女更愉快地相处（例如周一接他们放学，因为我不需要在过完周末后立刻赶回伦敦）。过去20年来，我的人生体验就是，我没有把所有时间用于工作。

从弹性工作制中获益的不仅仅是有子女的人群。现在，我还没有小孩，人们常常以为，我这种弹性工作者兼斜杠人士总有那么几天需要“请假休息”。我问她，对于那些想要与他人共享工作的人有哪些建议，她回答：“不害怕竞争。我想这点是最重要的。我不想承担完整的工作，对方也不想，这种心态让我们彼此信任。如果分享工作的伙伴是一个你不信任的人，后果我不敢想象！”

如何实现有效的工作共享

采访过林赛和一些成功分享工作的朋友后，我做了一张饼状图，列出我认为的必要因素，这张图可以为初始者提供一个粗略的参考。

成功分享工作的必备要素

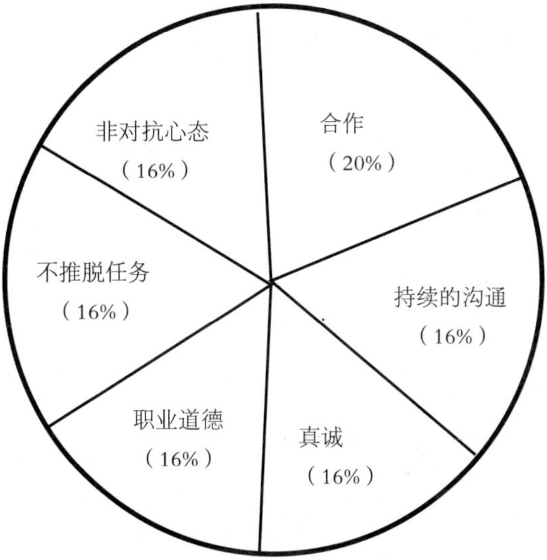

美化“忙碌”不可取

持续地长时间工作、没有休息意味着我们将耗尽所有精力和注意力。世界上怎么可能存在长时间工作且不知疲倦的人类？我们自己无法连轴转，但却不得不咬牙坚持，完成任务。在和律师、医生、朋友的交流中，我明确地感觉到，超负荷工作导致憎恨情绪、犯错概率增加和生产率下降。日本人为“过劳致死”发明了一个词语——过劳死（*Karoshi*）。过劳死的医学原因是由压力和饥饿导致的心脏病和中风。在韩国，过劳死也成为一种普遍的现象，韩国人称其为“*Gwarosa*”，在中国，过劳死是“*guolaosi*”。

咨询人士卡利·威廉姆斯·约斯特(*Cali Williams Yost*)认为:

通过更大的努力和更高效的工作来保住饭碗最终将事与愿违。你忽视了健康，感到睡眠不佳或失去胃口。你无法锻炼或外出度假，让身心充充电。你无法维持专业领域的交际网络，也无法更新个人的知识储备系统。但是你的老板不会告诉你，什么时候应关注生活中能带给自己健康和快乐的事物。原因只是能者多劳，但这不能证明能者必须多劳。

“过去，‘忙碌’被视为成功的必备要素。现在，这个标准依然在某些方面适用。要做一名理想的员工，你必须拼尽全力才能获得赞美。我曾在这样的环境里工作了6年，可以说这句话正确无误。我们恨不得一刻不闲，最大程度利用每一天每一秒以求最大的产出。然而，无休无止的忙碌扼杀了我们的创意。”

忙碌依然是人们自我吹嘘的资本。雅虎（*Yahoo*）总裁马里莎·迈耶（*Marissa Mayer*）告诉彭博新闻社（*Bloomberg News*），自己曾经每周工作超过130小时。时尚杂志《设计师》（*Stylist*）专访过的大多数“成功”人士上午6点起床，常常工作到夜里。苹果公司的首席执行官蒂姆·库克(*Tim Cook*)告诉《时代》（*Time*）杂志，他曾经从凌晨3:45开始工作。疯狂的长时间工作依然是件值得夸耀的事，在某些方面等同于成功，这着实令人不解，然而，这种状况正缓慢发生着变化。

人类之所以生存，并不是为了一刻不停地工作。我喜欢这句话："自然界没有长盛不衰的花，所以不必苛求自己。"这句话提醒我们，作为有机体，我们需要休息和生长。

我喜欢劳拉·阿彻（*Laura Archer*）写的《午餐时间：午休时的 52 件事》（*Gone for Lunch: 52 Things to Do on Your Lunch Break*），她在书中呼吁大家吃午餐。午餐时间很重要，我们可以利用午餐时间给大脑充充电，放松身体，为下午的工作做好准备。

以下是我采取的一些方法，以实现更高的收入和更小的工作量：

·减少通勤时间：不要把时间浪费在赶往会议的路上。把所有会议安排在同一天的一部分时段，或用讯佳普（*Skype*）或谷歌环聊（*Hangouts*）远程沟通。严格地守护好通勤时间红线。

·明确时间和费用标准：始终明确地了解任务的截止日期。如果不确定，也不可盲目地为某个项目约略估计出完成时间，以小时、天数或半天为单位分解费用，这意味着你不会免费加班。重视时间的价值。

·外包事务性工作。曾几何时，私人助理是身居要职的首席执行官才能配备的，但现在情况不同了。虚拟助理可以解决一些浪费时间的任务，例如，数据录入，抄写，安排日程，文案写作，编程，设计等等。虚拟助理是个好帮手，他们可以完成工作，却又不必受到办公地点的束缚，通常，虚拟助理是在家办公，永远不需要亲自面见顾客。

设定底线

我们的职业倦怠阀值和精力阀值与朋友、同事们都不同。因此，“工作羞耻感”（*work-shaming*）并不是件好事。当你让某些人感到自己的职业选择是错误的，甚至将某些人标榜为“工作狂”时，“工作羞耻感”就会产生，其带来的作用也未必是积极的。我们需要具体问题具体分析。每个人的底线不同。建议一位朋友减少工作量或放慢工作脚步或许与对方的想法背道而驰，因为他们有可能正精力充沛地享受着眼前的工作，他们未必因工作而感到疲惫，虽然过度工作会将你累垮，例如长时间夜晚加班，但每个人对平衡的定义各有不同，每个人都需要亲自发现自己的平衡点。

目前出现的一种趋势是，人们先给出一个笼统粗暴的方法，教人们如何应付来势汹汹的社交媒体和科技。人们呼吁，禁止 18 岁以下的青少年使用社交媒体，除非青少年事先接受精神健康培训，了解如何使用互联网，因为很多人认为，年轻人无法适应网络生活，提供精神健康培训绝对是合理的，也是可行的。但是，我们是否有必要禁止一整个年龄段的人使用社交媒体？当然，给年轻人更多建议、提醒和工具来应对职业倦怠、消除疲惫感是件好事，这些都胜过粗暴地剥夺他们的权利。我们明白，现在只是试水阶段，未来还需要提供更多的精神健康培训：“每 3 个年轻女性中，就有 1 个患有抑郁症或焦虑症，与 10 年前相比，增长了 10%。”

我们需要更好地教育自己和周围的人，如何有效地过滤信息，确保不被信息洪流淹没。汤姆·弗里德曼（*Tom Friedman*）说得好：“互联网上，一切信息之母实际上就像一条露天下水道，充斥着未经处理、未经过滤的信息。”每一天，我们都要在不计其数的网络垃圾堆中跋涉，身心俱疲。但是，我们可以用一些简单的方法来管理上网时间，好让自己不被压得喘不过气。

打造在线个人空间

· 对任何打扰的人或事设置“取消关注”或“静音”。你并不是不友好，也不是选择性地抛弃谁，你不过是选择不接收一些信息。你还可以在推特等平台上使用静音功能屏蔽包含关键字的信息。

· 关闭程序的通知功能，不接受每日（每小时）推送的更新信息。

· 把想阅读的文章存入类似“口袋”（*Pocket* ）的离线阅读服务应用程序中（也可以保存在浏览器缓存中），也可以登录 *instapaper.com* 保存网页以便在夜里或第二天清晨阅读。这样一来，你就不会每时每刻地阅读或接受各类通知。

·登录 *simplenote.com*，云同步所有设备上的笔记。这意味着你不需要登录电子邮件或上网发送信息，腾出了做其他事的时间。

·使用 *nuzzel.com* 等社交阅读筛选器，获取内容最优以及与自己最相关的信息。

社交媒体是新型尼古丁？

洗完澡后，我裹着毛巾，坐在床上，滑动鼠标……我几乎是茫然地完成这一系列动作，无法自动停止。这让我感到不适。我喜爱科技，科技造就了我的职业，但是，工作和生活之间的平衡才是关键，我们不能成为科技的奴隶，而应成为科技的掌控者。为了不让自己精疲力竭，我们需要设立一些使用科技的基本原则。这不意味着要去体验奢侈的“数码产品戒毒期”。我们不应当每周花费 1,000 英镑，目的只是为了远离手机。大多数人无法接受这种偏激的疗法。

当我在一家知名女性杂志工作时，每一周，我们会提出 20 次“10 步数码产品戒毒法！”这些想法让我感到愤怒，因为远离数码产品的概念向来裹着昂贵消费的糖衣：瑜伽疗养、能屏蔽通知的昂贵皮革手机套、养生大师经营的千里之外的度假胜地。这看起来始终像是敲竹杠，我也不确定这些产品是否真的能够帮我们改善日常生活的状态。我们需要关注的是，如何在压力山大的星期二下午放松一刻，而不是选择一个周末远离喧嚣，回来时除了肩上扛着的帐篷以外，什么都不剩。你可以说我思想顽固，但我不认为非得豪掷千金才能禅修，获得内心清净。

漫无目的滑动鼠标是最难处理的恶性循环。斜杠生活方式需要自我激励，戒掉社交媒体浏览成瘾很重要。为了减少工作量和赚到更多收入，我们必须限制社交媒体使用时间。与其不断地发帖，不如精心构思发布内容。

毋庸置疑，我们生活在一个“加急”时代。女性时尚生活类网站《池》（*The Pool*）的专栏作家林恩·恩赖特（*Lynn Enright*）总结道：“身边总有许多紧急的事：贪婪的互联网迫不及待地需要食物；其他媒体平台为博得关注彼此竞争；创意，花边新闻，图片和谣言，推特，收件箱，网络信使（*WhatsApp*）群组，这些都可能是要紧的信息，需要你立刻查看。”对他人的紧急要求、立刻回复的提醒视而不见是件很爽的事。为了谋生，也为了长远的生计，我们不能落入陷阱，把所有时间浪费在“色拉布”（*Snapchat*）或照片墙上。有时候，我们就像滚轮里的仓鼠，不断点开网页上的内容，唯恐错过了什么。

只有当我们正确地认识到如何保护自己的身体时，才能创造出真正的生产率。当我们在厨房里边工作边啜口咖啡，我们是在浪费时间，当我们漫无目的地浏览社交媒体页面时，我们也是在浪费时间。

以健康的方式使用电子设备需要我们时刻注意自己是否在浪

费时间。在浏览网页时，你是否意识到自己正在浪费大把的时间？你是否很早就下班回到家里，却在床上浏览网页到深夜？你是否因为长时间盯着屏幕而眼睛酸痛？你的双眼是否呆滞无神？你是否发现，长期用眼导致不适？我认为，解决这些问题的方法不仅需要快速戒掉坏习惯或者从网络成瘾中逃脱，还需已经落入陷阱的我们把握自己。我们需要更加留心，在忍不住玩手机时，及时遏制住冲动，自问为什么要这么做？

“成瘾”这一个词汇并不夸张。当我得到点赞、评论或收到通知时，多巴胺水平立刻升高，许多研究结果证明，网络上的正面评价给我们带来的愉悦感等同于一个拥抱。普通人平均一天要查看手机150次，滑动和触碰智能手机屏幕的次数超过2000次。

美国互联网公司德斯库（*Dscout*）发布的数据显示，重度依赖症患者平均每天点击、轻触、滑动手机屏幕多达5427次。毋庸置疑，在办公室里，沉迷手机并不会提高我们的工作效率，相反，不停地看手机只会干扰我们的注意力。我们需要下决心摆脱对手机的依赖。但是，如果我们能够集中注意力的时间范围正在缩短，我们还需要同时处理多项任务，或者在文件资料中贴满分类书签，那么，多重职业的出现恰逢其时。你可以集中精力关注一件事，在高效完成任务后，你可以很快地继续处理下一个任务，保持对所有任务进度的掌控。为自己而工作时，你会对时间和产量更加敏感，因为你不是在一个团体里工作，你只能指望自己。于是，你就不太愿意将宝贵的时间浪费在手机上，因为你对正在进行的工作怀抱激情，但是，如果没有工作任务的话，我也不反对用浏览网页打发时间。

关于年轻人和技术之间的关系，一些有趣却不稀奇的研究结果陆续发表。一些已经离职的科技巨头员工坦诚，他们完全明白公司出品的在线产品有多么让人沉溺其中无法自拔。《卫报》曾专访过美国软件工程师贾斯汀·罗森斯坦（*Justin Rosenstein*），他是谷歌的前开发人员，脸书的“点赞”功能就是他的作品之一。这次专访中，他揭露了许多经典的圈套，例如，通过延长两次推送的时间、把社交互动的过程游戏化（爱心、点赞、问卷调查、分享）等设计引诱人们频繁地查看手机。结果显示，“年轻的技术专家正在尝试努力戒掉自己发明的产品，他们把孩子送到硅谷的精英学校，而这些学校禁止使用苹果手机、平板电脑甚至笔记本电脑。”查马斯·帕里哈皮蒂亚（*Chamath Palihapitiya*）早期曾供职于脸书公司，他已于 2011 年离职，他坦率地表示：“我们创造的工具正在撕裂构成社会运作的社交结构。”

最令人感到惊讶的是，他说，漫无目的地滑动鼠标并非是无意识行为，相反，是“科技巨头的工程师意图达到的效果”。这么坦诚的回答有其积极的一面，也就是年轻一代将会重视科技背后蕴含的科学算法，也将对技术带来的后果有更深刻的认识。自我认识和自我分析是摆脱科技魔爪的第一步。认识到科技如何产生，则是避免让技术绑架生活的第二步。如果你能对科技产品的设计或打造产品的方式有更多的了解，就可以采取行动，趋利避害。马莎·莱恩·福克斯（*Martha Lane Fox*）说过："我们应该竭尽所能把科技知识教给下一代。对于这一批数字时代的原住民，仅仅教给他们基础技能是不够的，这一代人与我们不同，他们熟悉科技产品的制造产地和制造流程。"为了让科技赋予人类力量，让人类具备更大的勇气，我们需要对科技有更深刻的了解。否则，我们将在不知不觉中成为技术产品的重度依赖患者，傻傻分不清自己正在遭受什么样的伤害，也不知其所以然。

长时间浏览新闻网页也导致人们患上疾病。信息从未放慢传播的脚步。记者杰斯·康芒斯（*Jess Commons*）为美国时尚生活网站"精致 29"（*Refinery*29）写下一篇文章：

几个月以前，我是一名独立自主的成年职业女性，在金正恩（*Kim Jong-un*）和唐纳德·特朗普（*Donald Trump*）的冲突日益升级后，我开始了为期一个月的休假。我知道这听起来不可理喻，但是自从参与那段"火与怒"（*fire and fury*）的日子后，我整个人一团糟。我花好几天的时间蜷缩在沙发上，哭泣，不吃不喝，看垃圾影片。无论什么人对我说了什么，我都无法控制自己的焦虑感。

我们的手机虽无所不能，却也成了焦虑之源，是时候夺回主动权了。我们需要划清自己的底线，不因关机而黯然神伤。

在休息日里，我感到身心愉悦，处于最佳状态，精神焕然一新，心底充满希望。我还有着无限的创意，随时准备解决新难题。其实，我只是无法在所有时间内都保持 100% 的活力。

休息的力量

· 休息激发创造力。

· 远离工作，把注意力转向需要应用其他技能或方法的事物，挖掘大脑潜力，更好地完成工作。

· 暂时放空可以极大地延长人对任务的关注时间。

· 心灵专注专家安迪 · 普迪科姆（Andy Puddicombe）提倡人们完全放空十分钟，感受不可思议的力量。听起来似乎挺难，但的确值得尝试。

拥抱慢生活

“慢生活”是个时髦的词，它已经是一种社会运动潮流，你也可以猜到，这项运动提倡人们放慢生活步伐。“慢生活”指在日常生活的各个方面降速。慢生活是一种生活方式，它与我们多年来习惯的快餐文化截然相反：沟通慢、用餐慢、慢时尚、慢生活。这种生活方式在操作上有些难度，因为我们所处的世界崇尚效率，一则新闻往往还未被证实真伪，就已如野火般在社交媒体上蔓延。

我曾经问知名摄影师和广受欢迎的网红莎拉 · 塔什克（Sara Tasker）对慢生活有什么看法。她以慢生活视角拍摄自己的生活，吸引了数以万计的拥趸。她的社交账号 @me_and_orla 发布的内容阅读起来令人赏心悦目，快生活则相反，慢生活崇尚安静的片刻。她说：

我认为，慢生活是驱散“忙碌”神圣光环的武器。有时候，慢生活是用心生活、停止匆忙脚步的方式，我们不再匆忙地飞驰而过，而是闲庭信步。我们会扔掉吸尘器，拿起扫帚，也可能安静地凝视着窗玻璃上的雨水，看它们缓缓落下，而不是一刻不停地滑动手机。互联网让人与人之间的交流更加便利，但我们仍需要一方净土，利用一些片刻的宁静与自己对话，与人类的伟大历史对话。在漫长的历史中，步行、清扫、观看雨点落下是古人也常做的事。在一个生产率至上的世界，慢步调似乎成了叛逆的行为。

将慢生活融入生活的提示

· 如果你发现自己已经转换为僵尸模式，务必保持警惕。闭上双眼，停歇片刻。反思浑浑噩噩的时刻，让自己不再呆若木鸡地放空。

· 每天清晨放松片刻。在床上躺几分钟，什么都不做，然后再拿起手机浏览照片墙。

· 享受无所事事的时光，午后，留给自己一段放空的时间。

· 提前出门，走路上班或与几个朋友见面。

· 在家看一部电影，出门吃晚餐，把手机锁在抽屉里。

· 写日志。如果在网上看到羡慕不已或深有同感的新闻，把它们一一记录下来。对比教练（*Comparison Coach*）露西·谢里登（*Lucy Sheridan*）称之为你的“对比触发点”（*comparison triggers*）。

· 进餐时间（煮饭和吃饭时）注重礼仪。

· 在上下班途中听一听播客节目，而不是查看邮箱。

第一个挑战就是画出私人生活的边界，找出哪些是可行的，其次，雇主需要以身作则，划清边界，为自己做主，保持工作和生活之间的平衡。

是时候放缓脚步，仰望星空。哪怕往前迈出一小步，也胜过停滞不前。

第6章

如何平衡工作和生活？

“不工作和工作成了相爱相杀的一对。你之所以无法工作，只是因为你一直在工作，你之所以工作是为了不工作。”

——威尔·塞尔夫（*Will Self*）

英国小说家、专栏作家

把工作和生活融为一体究竟是好事还是坏事？这个问题并不好回答，答案也不是非黑即白。一方面，当下，工作和生活早已密不可分，将工作和生活融为一体或许更有利于把握两者之间的平衡。或许你已经在家里办公了很长一段时间，你没有从事朝九晚五的工作，你可能在收发邮件时顺便把衣服洗了，下午去接送某位家庭成员，你把一天的时间分割为块状的碎片化时间，自己乐在其中，你也发现，这样你反而能弹性地利用时间，尽管处理的都是些琐碎的事物。这种状态无懈可击，弹性意味着你可以让工作安排更好地迎合生活的需要，而不是本末倒置。我们可以利用科技更好地安排时间，让工作生活更好地迎合个人需求和个人生活的需要。但另一方面，这也存在一些危险，由于工作和休息的界限模糊不清，你很容易过度操劳。我个人喜欢两者融合的生活，前提是这么做效率更高。我认为，未来的趋势是，我们不得不将工作和生活更有机地融合在一起。全球职场分析（*Global Workplace Analytics*）发布的报告称，自 2005 年以来，在美国，远程办公人员的数量增加了 115%，从 180 万增加到了 390 万。

我们可以利用一些工具，让融合式的生活更有效率。但是，我们不愿意做那些费力不讨好的苦差事，以免融合了生活却失去了收入。我感兴趣的是该如何处理、如何管理、如何适度地把握好工作和生活之间的平衡。

界限模糊

现在，工作和生活融合的程度已超乎我当年的预料。无数人认为两者融合是件坏事，他们更愿意在两者之间划出一条楚河汉界，但是，他们在上班途中，依然会在地铁上收发邮件，手机的本质就在于模糊工作和生活的边界。或许在周末时间，你登陆推特的目的是为了吸引新粉丝，推销自己的业务。［因为你可能一边听着《英国家庭烘焙大赛》（*Bake Off*）里的俏皮短笑话，一边用推特吐槽］这算玩耍吗？还是算工作？（正在绞尽脑汁地吸引新粉丝？）即使你不需要弹性工作时间，如果你在地铁上回复了工作邮件，或边躺在沙发上看《X 音素》（*X Factor*），边用手机查看工作信息，实际上，即使你没有察觉，你的所作所为早已在模糊工作和生活的界限。由于科技的飞速进步，清晰地划定两者的边界越来越困难，不再是个简单的事。这是个新时代下产生的新问题。手机应用商店里的工作邮箱应用不也是个新事物吗。推特的英国区总经理布鲁斯·戴斯利（*Bruce Daisley*）在接受《泰晤士报》专访时说："自从人们能从手机上随时查看工作邮件后，人们的工作时长从 7.5 小时增加到了 9.5 小时。" 这说明，工作和生活融为一体后，我们加班却没有得到相应报酬（除非你是个体户或严格地执行时薪标准）。我们很想放松片刻，却还是任由工作渗入生活却毫无招架之力。这不公平。

工作和生活

工作可以任性地渗透私人空间，不需要事先得到我们的许可。打个比方，如果工作伙伴或最好的朋友在工作中遇到挫折，这些挫折也会影响我们对工作的想法，同样的，我们的经历也会影响同事对工作的看法。

德国美因茨大学（*Johannes Gutenberg Universitt Mainz*）的研究员哈恩（*Hahn*）和多曼（*Domann*）针对114对在职夫妇开展的一份研究结果表明，“下班之后，在工作之余，一方在心理上和工作的剥离感（*detachement*）会影响伴侣对工作的剥离感。夫妇双方因工作而产生的情绪和感受彼此影响，说明我们不仅易受他人影响，而且会潜移默化地吸收他人的情绪。如果你的另一半在步入家门的那一刻能够立刻切断工作模式，那么你也会发现，忘掉工作烦恼更加容易，这对于家庭和生活都有益处。”

对我而言，这个研究结果证实，我们可以在工作和家庭之间画出清晰的界限，于是，一个吊诡的迷思产生了。两者总是相互纠缠、藕断丝连，如果你认为可以把它们一刀两断，就太傻太天真了。

如果你想大声发泄工作中受到的委屈或者尽情吐槽老板，那么，不妨出去散一散步，吃顿饭或慢悠悠地走到便利店里，找一位朋友或工作伙伴倾诉衷肠。这么做能够帮助你脱离工作情绪，避免让负能量进入你的家庭生活。你需要时刻注意自己的工作能量。

我们从未真正地超脱于工作之外，但是，我们可以利用一些工具达到自己的目的，尝试着利用一些技巧减少工作压力，多元化的职业身份能够减少你对特定职业的亏欠感，因为各种各样的任务分散利用了你的时间。由于兼顾各类工作，你分配给各项任务的时间减少了，所以，即使某项任务枯燥无趣，这种感受也不会太强烈，因为你心里明白，很快就要开始下一项全新的任务了，新鲜感随之而来。很多工作之所以让我感到枯燥乏味，是因为我早已知道，接下来，自己要花很长的一段时间投入这项工作，从而产生了束缚感。

我在社交媒体网站工作时，我的主要工作是为各大品牌和全国性的杂志发送推文，我从没有感到厌烦。这份工作不需要我像护士一样随时待命，但我把这份浮夸的市场营销工作当成全世界最重要的工作。在一个新岗位上保持初心实属罕见。你让自己始终保持“在线”状态，毕竟，划分工作和生活之间的界限依赖后天的养成。我的工作内容是时刻关注各品牌的社交媒体账号，监控网友的正面和负面评论以及危机管理（即有人发表了严重损害企业声誉的评论）。我会标注出有害评论并将其提交给首席执行官，然后一同讨论最佳的应对方案。每一秒，我都紧张不安。在学校时，没有人教我如何保持思想的“高度戒备”状态。我的成长历程告诉我，工作和生活是两码事，下班后，我们有理由拒谈工作。但是，对大多数人来说，工作无孔不入地渗透生活，没多久，我就精疲力竭了。从父辈那一代起，职场的变革快得出乎意料，我们想象中的未来职业和目前真正从事的职业早已截然不同。

把工作和生活融为一体后，我受到了伤害。我无法区分工作和家庭生活，因为口袋里的手机无时无刻不在响。我本该在郊区参加侄子的生日聚会，在跷跷板上开心地上上下下，在海洋球里蹦蹦跳跳，可是，手机却响了。“有个紧急任务需要处理，邮件标题已经写清楚了，此时，我的感觉就好比有人往我的肚子上揍了一拳，我必须匆忙离开去处理急事，从而失去了和家人共度的美好时光。之后，我不得不自问，这真的是我所期待的职业吗？它是不是越来越不可理喻了？”

其实，你不必非得在社交媒体网站工作过或有和我一样的从业经历才能了解这种腹部遭受重创的感受，只需要在下班时间，你的公司突然有急事找你就行。我们大多数人都经历过夜半三更收到邮件，疯狂的老板要求立刻回复的情况。随时随地待命让我们十分焦虑。在我任职过的大多数企业中，你越忙，加班到越晚，你在收件箱里的存在感越强，你就是个优秀的员工。但是，这个判断并不正确。分得清什么是真正紧急的情况和那些假装很紧急的情况是一项必备职场技能。

可以说，我们的忙碌程度已经超乎自己的想象。如果你有照片墙或推特账号，那么你正在向全世界推销自己和个人品牌（或许你还没意识到），同时，也等于向全世界宣布你始终“在线”。工作和休闲之间的界限比我们想象中模糊。我在企业工作时，想到假如工作和生活傻傻分不清楚的状态一直持续下去，我就要自己干了。深夜里的每一个点击动作、花费的每一个小时、模糊的界限，都将成为我对自己的投资，无论结果如何，得到所有的奖赏的会是我本人，而不是公司。在这个痴迷技术、职位、排名的世界，如果我打算始终保持“在线”状态，在办公室里对“那个家伙”竖中指也是无济于事的，我需要独立判断自己是否超负荷工作，至少我还有个人品牌和业务技能可以依靠。

我想谈一谈工作和生活相融合的优缺点以及如何兼顾两者，我认为这对于未来的职场沟通至关重要。我想，在未来，工作和生活的融合程度将加深，我们不应怀念过去，而是向前看，学习如何面对新常态。当我还是个懵懂少年，用着诺基亚（*Nokia*）3210 型号手机时，我就已经有了这种想法。除了偶尔发来的简单几句短信外，没有人来打扰我。当年，要么手机没信号，要么手机没电关机，这些情况都是正常的。现在，我用上了苹果手机，不立刻回复就说不过去了。如果对方在 30 分钟内得不到回复，他们就会习惯性地问一句，“你收到我的邮件了吗？只是善意地提醒一下。”在发出邮件后不到 1 个小时内，同事就开始使用“轻推”（*Nudge*）自动提醒功能提示回复电邮，这么做一点也不礼貌。别强迫我阅读邮件。我们用的不再是破旧过时的诺基亚，而是装备精良的智能手机，人们的期待也水涨船高。人们梦想着“脱离”工作，但噩梦却重现了，除非寄信或让哈利·波特的猫头鹰信使海德薇(*Hedwig*)传递信息，否则你是不太可能逃离同事的魔掌。科技改变一切，可不是吗?

不久前，威尔·塞尔夫(*Will Self*)说了一些话，让我情不自禁对着笔记本电脑喊出“哇哦”。我们认为工作和休闲理应分开，但事实却不是这样：“不工作和工作成了相爱相杀的一对。你之所以无法工作，只是因为你一直在工作，你之所以工作是为了不工作。” 我们工作是为了休息。有工作是休息的前提。亚里士多德(*Aristotle*)曾说：“我们为争取闲暇而工作，幸福存在于闲暇。” 为什么我们不能融合两者，在工作的时候享受闲暇？为什么两者非此即彼，无法共存？人们总有个执念，认为只有退休或功成名就，完成理想目标后，我们才能休息。但是，我们是否应该在工作的繁忙中偷个闲呢。

在工作和休息间获得平衡感

1969年，查尔斯·布可夫斯基(*Charles Bukowski*)给出版人约翰·马丁(*John Martin*)写了一封信，表达了辞去全职工作后的兴奋之情。

他们管那种工作叫“朝九晚五”，其实根本不是，在那些地方，公司就是不留时间给员工吃饭。甚至，为了保持那份工作，你会选择不吃午饭。还经常要加班，加班的时间也永远都没记录好，如果抱怨的话，会有更容易上当的人愿意来代替你。

朝九晚五只存在于传说中。科技，让加班更便利。

多重职业替代了 5 天的全日工作和 2 天的全日休息制度，每一天都可以匀出一小部分时间，以更加高效地利用时间。我曾经制定了工作日和休息日的活动原则。这并不是说，我的每一天和每一周都过得完美无缺。我只想为工作和生活这一对冤家公平地分配时间。有时候，我会一周工作 6 天，也曾一周工作 3 天。有时候，我会赖床，还有一些时候，清晨 6 点我就起床出门了。我换了一种看待工作周的视角，你想要工作还是想放松，由你说了算。你可以根据具体的项目来制定工作计划，既可以避免工作量不足，也可以避免过度疲劳。过去，我的天空从周一到周五都乌云密布，只有等到了周末，才迎来短暂的阳光和快乐。每周五晚上，我总是欢欣雀跃，到了周日的午餐时间，心情就跌倒了谷底。我想改变这种现状，这样，我才可以在工作和休息之间获得平衡感。我不想为了周末而活。这并不是要求自己的每一天都活得很开心。生活就是生活。工作就是工作。但是，我想要更高质量的休息和更高效的工作。

或许问题并不在于讨论“工作和生活融合是件坏事吗？”而是“我们的工作和生活融合到哪种程度，界限在哪里？”我们需要确保融合能够提高效率，而不仅仅是因为我们有能力融合而已。

避免过度融合的 3 种方法

1. 即使不在办公室，也要设定办公时间：斜杠职业意味着弹性工作，你依然需要设定办公时间或类似的标准。设定工作时间后，即使超时，问题也不大，但是你的头脑中要有个概念，知道何时该收起笔记本电脑，否则，工作就会一直持续下去，完工遥遥无期。

2. 午餐时拒绝查阅社交媒体：这条规则适用于工作环境。在午间完全放松，远离工作内容和社交媒体。

3. 为他人负责：如果你不想吃午饭，也不想去户外呼吸新鲜空气、散步、在午间休息，在夜晚休息……那么，就制定聚会计划吧，与朋友或家庭成员见见面，给自己设定一份与他人见面的任务。假如你是一个不喜欢健身的人，再和朋友约好去健身房后，你就不得不去，因为你不想让朋友失望。

关注自己的精神健康状况

多重职业遇到的一个问题是，如何与老板沟通，因为你在工作之余还有副业。我曾有过几次类似的经历。有一次，老板问我副业的进展，我明白，她其实是担心我的副业会影响全职工作。

她知道我在业余时间有副业，包括在晚上给杂志撰稿，因为我们在脸书上互相关注。由于我向来能够顺利地完成本职工作，因此，她这么问时我感到有点儿奇怪，为什么她突然对我的副业有了兴趣。选择什么样的副业是个关键，因为副业有它自身的项目周期。从事全职工作的同时还能做些自己感兴趣的事让我快乐，只因为我乐在其中。这是副业让人兴奋之处，或许它并不是多了不起的事，但它正在成长，也能有朝一日如星星之火般燎原，要么是个意外惊喜，要么在我的计划之内。

有时候，你的老板或许会对你有兼职这件事心怀芥蒂，但我相信，随着职场环境的发展，老板会有更加开放的心态，从而允许员工有多重职业身份或副业。人们将创意付诸实践或在网络上创业，挖掘更多商业机会，这些都比从前简单多了。网站托管公司狗爹域名（*GoDaddy*）在美国进行了一项调查，对象是 1,000 名有副业的千禧一代和 1,000 名婴儿潮时期出生的人。结果发现，每 2 个千禧一代中，就有 1 个人有兼职，每 4 个婴儿潮时期出生的人中，就有 1 个人有兼职。去年，谷歌趋势服务（*Google Trends*）显示，搜索“副业”的人次在英国增长了 138%，在美国增长了 178%。

只要能够完成工作并且出色地完成，副业就不是个问题。我们不应该认为，自己有必要全天 24 小时仅忠诚于一份工作。

我们的雇主有权利知道员工在工作时间内的一切活动，但我忍不住好奇，这个规则是否也需要改变，雇主和雇员之间需要加强信任。如果有更多的员工采取弹性工作制，那么，增进彼此信任就显得格外重要了。我还记得，有一次，我详细地向老板解释了自己的避孕预约，因为他需要知道为什么我一直往医院跑，因为这么做已经影响到了我的日常工作。为什么我们不能允许员工离开办公室解决个人事务，相信并了解勤勤恳恳的员工一定能够事先完成自己的工作？健康至上，这一点毋庸置疑。没有健康，我们对老板而言毫无用处。

有时候，我们很难向同事解释清楚自己的私人生活。我还记得自己年轻时观看美国情景喜剧和电影的情景，看到其中一些办公室浪漫喜剧中的角色可以放“事假日”。“事假日”意味着你可以一把抓起办公桌上的手袋，对着老板大喊“事假日”，老板虽面露惊恐之色，但也不愤怒，并允许员工离开，结束自己的表演。我确定，无论你是否喜欢电影里人们飞奔出办公室的情景，在美国，每个员工都有带薪假期。如果在英国，我们也能有带薪事假（和美国一样），那不是很好吗？“事假日”意味着你有权选择不告诉任何人请假理由。在这个全新的社交媒体时代，我们对同事的了解比互联网未发明前多得多。我们应该更加开放包容。

2016年，在密歇根（*Michigan*）的一家软件公司从事网页开发的马达琳·派克（*Madalyn Parker*）发布了一条推特，推特的内容是她给同事的一条留言，称自己需要暂时离开办公室，以“关注自己的精神健康状况”，这条留言随即在网上引起轰动，它也从侧面说明我们在职场上更加愿意袒露心声了。她的老板本·康格尔顿（*Ben Congleton*）欣然同意了她的要求。他在向全公司员工发出的一封邮件里强调了精神健康的重要性，表扬马达琳“是我们所有人的榜样”。位于布里斯托（*Bristol*）的一家名为“共存”的公司（*Coexist*）决定给女性员工放痛经假，它不影响员工的病假。2007 年，国际运动品牌耐克（*Nike*）在 2007 年正式将“月经假”列入员工守则，但是为何到了现在，“月经假”这个话题还是热度不减？我想重点是，在职场上，员工还是很难实现弹性工作。为什么男性和女性需要弹性工作制，背后有许多原因，只要能完成工作，放假都不应是个羞耻的事。

明确边界的重要性

毫无疑问，边界很重要，尤其对于在家工作的人来说。美国商业评论杂志《商业报道》（*BizReport*）针对夜间远程办公者开展的问卷调查表明，38% 的员工会在夜间醒来检查邮件。这么做对谁都没好处。如果你在半夜回复邮件，你的老板或同事会理所当然地以为，任何时候都能得到你的迅速回复。因为技术提高了我们的效率，我们可以随时在线，但这并不意味着我们有义务立刻回复。发出邮件的人能够等待回复时间越来越短，因为人们的期待水涨船高。没有了边界，我们将成为电子设备的奴隶，无法逃离互联网的束缚。

如果是自愿在夜晚从事兼职，那也应是我们自己说了算。是被迫而为之，还是自愿的就显得很重要。你自己愿意在晚上工作是一回事，而因不愿在夜晚工作导致被炒鱿鱼或者被迫辞职，又是另一回事。这种工作和生活的融合背后，有着心理和情绪的双重驱使。领导们和老板们应该顺势而为，公开表态健康合理的融合是有好处的。如果你的老板不愿意以身示范，那么我们就会寸步难行。互联网剥夺了人们的天然物理边界，别人随时可以找到我们，人与人之间始终以某种方式彼此关联，只要双击对话框，我们就知道信息是否已阅，因此，我们需要老板（即使你就是自己的老板）划清边界，以便执行。我认识的老板们也有自己的副业和爱好，他们明白，人生之长，不仅仅局限于办公室里的时间，如果你要求放一天假，他们也能够理解，得知这一情况后，我的精神放松不少。

对于一些人而言，弹性工作或远程工作意味着老板（或同事、通讯录联系人等等）将无时无刻不发来任务，这种方法将让你倍感压力或不堪重负。因为在电脑屏幕上，你不过是一个图标，不是一个活生生的人，这比在办公室里，有人面对面地要求你做某事还令人感到冒犯。这也说明无论是在何种工作环境中，我们都需要设定一些或硬性或柔性的边界。对我而言，网络边界和物理边界同等重要。

划定边界的 3 个小提示：

1. 事先管理预期：让你的团队 / 同事知道，下午你的瓦次艾普（*WhatsApp*）或其他通讯软件都不在线，但你会在收到信息后即刻回复。

2. 开启外出模式：友好的外出模式是缓解下午遭受邮件轰炸

的好办法。外出模式不一定只在休假时使用。如果当天很忙碌，选择外出模式就能减缓我的压力。

3. 事先准备好自动回复：外出期间，你可以通过邮件回复问题。例如："如果你正在尝试联系 X，这个人是最棒的"；"如果您询问有关 X 计划的内容，我写了一篇相关的博客。"这些回复看起来就好像非办公时间的常见问题解答。

工作和玩乐的融合程度？

对于一些人而言，工作时间和休息时间是完全不同的。彼之蜜糖，汝之砒霜。例如，我的侄子是个好动的人，如果要求他在椅子上呆坐一下午，他绝对感到浑身不适。给他一颗球，让他到公园里，他立刻神清气爽。我们每个人都不一样。休息期间，我们不应苛求自己完成任务。当你在冥想时，你不需要像对待工作一样时刻追踪项目进展，当你在睡觉时，你也不需要用手机应用设定好时间，当你在阅读时，没有人逼着你完成阅读。社会要求我们在人生的方方面面都取得进步，工作或玩乐无一例外。但休息时间是私人的，找出最适合你的休闲方式吧。

回答以下问题，明确自己的边界

- 在什么情况下，你不介意收到工作邮件？
- 你是否确信工作和生活需泾渭分明或两者可以轻易融合？
- 你的"休息"硬性边界是什么？（绝不容忍在休息时间工作？）
- 你的"休息"软边界是什么？（是否不介意在这段时间做"一

些”工作，可以容忍什么样的工作，原因是什么？）

· 对你而言，与同事在群组里聊天算是工作吗？
· 对你而言，参加工作聚餐算工作吗？
· 什么样的声音有助于工作？音乐还是沉默？
· 你喜欢大团队还是小团队？
· 同事之中，哪些人的性格特点是你所看重的？

为了从你的回答中找到共通主题，依此制定一套“规则”，帮助自己划定合适的兼职时间或兼职身份，例如：

· 晚上 7 点之后不回复邮件。
· 在上班路上，我不会查看邮件。
· 在从事副业时，我会把手机调成飞行模式。

工作生活的匹配度

我还记得和工作家庭（*Working Families*）的首席执行官莎拉·杰克逊（*Sarah Jackson*）在一次小组讨论上的谈话，她说，“平衡工作和生活”常常让我们感到愧疚，因为平衡感难以衡量，每个人对平衡的感受也不同。对一个人而言，平衡意味着有更多的时间陪孩子，对其他人而言，平衡意味着有更多的假期，对另一些人而言，平衡意味着有更多的时间从事兼职或兴趣活动。莎拉谈了“工作生活匹配度”，我想这个词更好地总结了工作和生活模式。

参加讨论的另一位企业家询问，“你是否尝试着在生活中取得一些平衡，以便将来有了孩子之后，更好地做出准备？”而这位女性企业家回答，“你怎么知道我想要孩子？”

我们常常假设，对于同样的事情，每个人都有自己的一套解释，但是，对我们而言有效的方法或许对其他人并不适用。你的工作生活匹配度是独一无二的，只适合你。

福利？是时候真相大白了

有时，老板会以弹性工作制为借口，试图从你身上榨取更多血汗。他们尽力营造出一种氛围，看似给了员工弹性时间，实际上，他们要求员工永远地加班下去。例如，理论上说，“无限假期”（*unlimited holiday*）的创意看起来很赞，但也意味着你需要随时待命或从别处挤出时间，或许你永远无法逃脱工作的牢笼。

2014 年，英国广播公司（*BBC*）报道，维珍集团（*Virgin Group*）创始人理查德·布兰森（*Richard Branson*）决定给所有员工放“无限假期”。这听起来是个了不起的承诺，有一些概念看起来和本书中提到的生产率高于出勤率的观念完全一致。布兰森说：“我们应该关注员工做了什么，而不是工作时长。

我们没有实行朝九晚五工作制，我们也不需要休假制度。”我很赞赏这个表态。然而，我认为这个说法暗藏着陷阱。企业咨询公司 CEB 的人力资源顾问负责人亚伦 · 麦克尔韦恩（*Aaron McEwan*）说，陷阱是，员工实际上没有获得大部分的休假，因为他们对公司的规定心怀感恩或担心其他同事投来的异样眼光：“实际上，人们休到更多假的可能性很低。”跨平台聊天软件基克信使（*Kik Messenger*）的首席执行官泰德 · 利文斯通（*Ted Livingston*）说：“我们发现‘想休多久休多久’的策略实际上起了反作用，人们的休假变得更少了。还有一个见不得光的小秘密是，根本没有人会休这个假，不如把这项规定称为‘无人休假’。当时我们都说，‘我们应该实施的是必须休假制度。’”

有些老板想，可以通过放置睡眠舱或利用其他手段，好让员工把所有时间都耗费在办公室里。《卫报》（*The Guardian*）将一些社交媒体公司描述为为：“不像办公室，更像是有趣的宫殿，你可以定制个人咨询服务，在休假回来时，你还会收到锐哲（*Razor*）牌电动滑板车作为礼物。”但这好比黄鼠狼给鸡拜年，比如，脸书推出了新福利：赞助女性员工冷冻卵子。这究竟是赋权，还是剥削，好让你心甘情愿地为公司工作到地老天荒，奉献一生？

当然，这也涉及女权话题，苏珊 · 摩尔（*Suzanne Moore*）说：

> 当下的职场结构未能满足女性需求，职场文化也无助于培养出满足女性期待的男性，女性本以为她们可以拥有一切。因此，我们建起摩天大楼，为高龄女性员工提供生育的机会，以“交换”她们

黄金年龄段的时光？在我看来。这根本不是个激励，更像是贿赂。

我想，重要的是，我们得看清职场是如何走到了如今这一步，为何不允许我们以自己的方式融合工作和生活，实现全面发展。这依然好比鱼与熊掌不可兼得的话题。或许我们不能想得太美，但是我们至少有权利去尝试弹性工作，不因此被贴上消极的标签。

这些福利，包括无限休假、冰冻啤酒、酒吧、游戏机，目的只是为了合理化 50 小时的加班时间，但是，员工也失去了下班后的休闲时光。在我曾经工作过的地方，公司提供的免费滑雪旅行、办公室派对、乒乓球活动也是如此。如果这些活动发生在工作时间，也没有问题，但提供这些福利的目的是为了让员工永远留在办公室里加班，就令人感到暗无天日了。

在宫德光（*Miya Tokumitsu*）的《做你所爱》（*Do What You Love*）一书中，她说，引导员工热爱工作已经成为剥削的委婉用语。在这个魔咒背后，雇主能榨取员工的休闲时间。这也说明，为什么把所有鸡蛋放到一个篮子里是危险的。

在家工作 VS 把工作焦虑带回家

最近，我读了一些书，这些书让我认识到，把工作带回家和把工作焦虑带回家是截然不同的两件事。*girlboss.com* 网站上的一篇文章称："晚上，把工作带回家是一件事，把工作压力的毒带回家，则会导致家庭生活和家庭关系一团糟。"这更像是一种精神上的挑战。把工作任务本身带回家，例如可以在卧室里完成的项目和把职场上的高压环境或压力带回家是不一样的。把工作上的负面情绪带回家让人心烦。我还记得，在一个周末，我感到非常郁闷，因为我收到了同事的邮件。那位同事和我是脸书上的好友，因此只要她一更新动态，我就随时可以看到，她一发邮件，我的假期就被毁了。我们无法完全逃离工作状态。我确定，"眼不见，心不烦"是互联网发明之前的真理。

许多人担心，在家工作或夜晚工作将导致过度疲劳，这让人无法理解。另一方面，当从事兼职项目或制定自己的日程安排计划时，无论是在家工作还是夜晚工作都是有好处的（如果你是猫头鹰型）。我列出了两者之间的差异，分辨这些差异十分重要。

在家工作 VS 把工作焦虑带回家

把工作带回家	把工作焦虑带回家
利用电子设备（笔记本电脑、手机、平板电脑）辅助完成额外工作	与同事沟通难，需要面对面沟通才能说得明白
和同事、老板便捷地沟通	把当天没解决的问题带回家，但解决问题需要团队合作
工作有效率，节省通勤费用	脑海中不断回顾工作上的沟通，但结果并不顺利
在自己熟悉的环境，创造属于自己的空间，享受清晰的个人边界	

无论认为自己的工作和休闲之间距离多远，它俩早已经如胶似漆，此消彼长，融为一体。我们工作是为了休息，休息是因为工作。生活中，工作和休闲阴阳相生，分量相当。每个人都会在周日晚上略感焦虑，如果这会对你产生很大的负面影响，你就需要换一份工作了。你的融合法或许是错误的。

融合法之所以适用于多重职业，是因为你有能力规划好自己的时间，为每一周计划好工作的起始点，决定工作地点。如果你是自雇职业者或有兼职，融合法将大有裨益，利用额外的时间耕耘，终将获得收获。当你只有一个老板时，过度融合会榨干你的体力，导致职业倦怠，于是到最后，你无法兼顾所有任务，导致手忙脚乱，再说，你是为他人的公司工作，而不是为自己的公司工作。你的融合，最终只是让别人拿走了所有好处。

调整融合法的提示

· 如果你已经融合了工作日和周末，要确保休息时间，如果你选择周末夜晚在家工作，那就给自己放一天半的假，不需要有负罪感！

· 永远记得放一天假，即使是给自己打工。

· 记录下工作时长，这样有助于设定一个工作时长的限度。融合不意味着应该加班。

· 确保承担的项目不会过度耗费时间。签署的合同条款需要明确标明你的工作时长。

第7章

多重职业的10个方法工具包

"永远不要认为自己'完成任务'。"

——*汤姆·弗里德曼*（*Tom Friedman*）

纽约时报专栏作家

精准融合

首先要做的是明确你的新“职业称谓”。观察本书中列举出的各类斜杠人士和他们的融合生活状态，或许你能得到一些提示。为了创造出一个独一无二的个人身份，最终如果融合了不同角色，你的人生角色将会截然不同。按照如下步骤，你可以明确自己的融合身份、明白如何建立自信、推销多重身份的自己。

· 写下你希望获得的称谓。

· 写下你希望因其受到认可的事业或任何你想开始或继续进行的副业。或许你会发现，自己已经列举了 5 种不同的任务，它们都有可能成为你的职业称谓或技能。

· 写下你擅长的所有技能。可以是小事，例如注重干净整洁，或擅长招待客人，或善于倾听。这些素质都很重要，因为我们擅长的（无论是天性使然还是刻意练习），都将对斜杠人士的职业生涯产生影响。当我们只有一份工作时，许多技能常常毫无用武之地。

· 找出不同技能之间的共通点。你将会惊讶，随机选取一些技能组合起来时，它们之间就会产生化学反应。它们相得益彰，出乎你的意料。兼职播客主播和兼职厨师证明你善于动手创作，因为亲自动手、组合利用各种烹饪食材类似于剪接视频和音频。两份工作之间的共通点或许不那么明显，但是当你更深入地挖掘，这些共通点将会更加明显。

· 试着用这种新方法建立自己的新称谓。你有不同的身份标签，是一个全面发展的人。自信一点。卡斯商学院（*Cass Business School*）的访问教授斯特凡·斯特恩（*Stefan Stern*）说："你做了什么，比别人怎么称呼你更重要。因此，我们对于职业头衔不应该计较。最重要的是能够立刻反应出对方从事的是什么工作，而不是恨不得手边有一本字典。"

· 练习在不同场景下，自己需要强调哪一种职业角色。所处的环境不同，需要突出的职业身份也不同，尤其是当你有两种职业身份，而两者各自适用于两个不同行业时。斜杠职业的美好之处在于你可以根据不同情境、环境或业务挑选和搭配不同的身份"帽子"。

关键提示：如果很难找到自己的语言风格（无论你正在写的是网页文本、提议、记录这部分章节的笔记等），用手机的语音备忘录或录音电话 [我推荐瑞姆（*Zoom*）牌麦克风] 录下声音，记录相应文字。这个过程能够帮助你集中注意力，放松情绪，找到自己真实的声音。大声朗读有助于增强对自己所说的内容的自信度，并且让表达更加清晰。

培养小型粉丝群

斜杠人士并不等于“有影响力的人”。斜杠人士需要不断地培养真实拥趸，粉丝因你的职业而认识你。无论是领英上有可能雇佣你的粉丝，还是推特上的潜在合作对象，或仅仅是志趣相投、未来对你有所助益的好友，哪怕是单纯地交个好友，他们都是你的观众。社交媒体的魔力在于，每个人都可以培养出自己的观众群，无论是耄耋之年联系故友，还是在线求助家庭作业的碧玉年华的少女，每一个人都可以培养自己的粉丝群。

有了粉丝后，也要提防“粉丝”陷阱：自恃而骄，过分关注某个社交平台。如果你的照片墙账户一夜之间被删除，后果如何？或者几年后，大众对照片墙的喜爱热度减退？人们当年称赞短视频分享应用瓦因（*Vine*）有创意受欢迎，上面的名人也吸引了许多企业和品牌寻求合作，但是现在，瓦因已经关闭了。想象一下，你劳心费神地把聚友网（*Myspace*）上的个人主页设计得十分精美，一夜之间，它就败给了脸书。福祸相依。

斜杠人士需要下功夫才能成功。成功不等于有几千名粉丝且小有名气。成功是指，在专业领域和行业内，你是知名人物。你不需要在每一条发言后加上类似 *#girlboss* 的标签以吸引千百万粉丝，而是要提高自己的知名度，让人们知道你的职业，你可以发出邀请，高呼：“来吧，一起合作！”这是你的焦点小组。询问你的小型粉丝群（可以有 50 名成员，也可以有 5000 名成员），就能从核心成员中毫不费力地获得真知灼见，且不让人觉得唐突。

对于你的业务来说，小型粉丝群实在很重要，风险在于：群里的粉丝必须是真实的，这也是将规模保持在小范围的原因。规模较小且认真关注你的工作的粉丝很重要，因为大多数成员是有意向与你合作的人（即潜在的老板）。数量不再是最重要的。试想，如果你有一百万粉丝，但其中只有很小一部分真正关注你正在做什么或说什么，那又有什么用呢？新闻通讯的受欢迎度日益上升，原因就在于此。拥有一千个真正对你感兴趣的粉丝比照片墙在拥有一百万个粉丝重要得多。对于斜杠人士而言，粉丝转化率很重要，它反射出你的个人品牌能够在多大程度上转化为生意，促成实际合作和长期合作。

培养小型粉丝群的提示

· 聆听和回复。勿把社交媒体看作自我宣传的大型阵地。

· 发帖前，反问自己，为什么要发出这条信息？言必有宗。如果理由站不住脚，那就用瓦次艾普把图片、发言、问题私信转发给朋友吧。

· 如今，“真实性”这个词已经被人滥用，注意保持本色。如果用力过猛，人们是会感觉到的，尽量做回现实生活中真实的自己。

· 安排小规模活动或见面会（如果你不想一个人安排，就邀请志同道合的朋友一起组织)。邀请参加者携带好友,扩展交际圈。

· 给予适当好处——可以是机会,消息,小礼物等。记住——三思而后行。

· 发送新闻通讯。这永远是维持小社群凝聚力的最佳方式,还能远离喧闹的公共社交平台。

· 衡量发帖频率和粉丝数量时,以质取胜。不要让人觉得你是为了凑数量而发帖。

增强自信的小窍门:巨大的影响力并不需要巨大的网络交际圈。在蒂姆·费里斯(Tim Ferriss)所著的《导师天团》(Tribe of Mentors)一书中,蒂姆·厄本(Tim Urban)说:"(互联网用户中)如果每1000个人中,只有1个人阅读了你的文章,即0.1的概率,其实说明,有100万个人很喜欢你的作品。"我一直记得这句话,因为这个结论令人振奋,它证明,你不需要追求大比重的互联网用户,哪怕最小一部分的比例也意味着很大数量的群体。科技真是一个好工具,如果使用得当,就可以找到对的人。(社交和交友在第9章会详细说明。)

始终处于公测模式

新科技日新月异,令人始料未及,因此,我们无法事先准备好万全之策。无论是小团队里单枪匹马的员工，还是大企业里的职员，我们必须始终保持警惕。你不可能在一次学习或内部培训中一次性获取所有知识，然后成为专家。这个章节的灵感源自领英联合创始人雷德·霍夫曼（*Reid Hoffman*），他称自己“永远处于测试模式”，去行动，就像你的工作永远没有终点一样。在科技和职场这两方面，我们始终是学生，没有人可以走捷径，可以越过艰苦的学习和不断重塑自我品牌形象的阶段。当接受德勤会计师事务所（*Deloitte*）的专访，谈到未来的工作时，纽约时报专栏作家汤姆·弗里德曼（*Tom Friedman*）认为，“永远不要认为自己‘完成任务’；否则，你会真的完蛋。”

学无止境，我们永远不能说自己已经掌握了全部知识，这没有关系。由于你不是只专注一件事，公测模式意味着你很可能寻求新的支点或尝试新的工作。这也意味着你很有可能成为早期使用者（率先使用刚问世的产品或科技的人），这是领先他人的关键一步。如果我们止步不前，自以为无所不知，就面临着落后的风险。“如何保持公测模式”等同于“如何保持竞争力。”

如何保持公测模式

· 参加在线课程、网络研讨会和付费课程都有助于提升简历的含金量。学习新技能，包括视频编辑、图像处理软件（*Photoshop*）、编程，语言或摄影，例如：

可汗学院（*Khan Academy*）提供免费在线课程，你可以在上面学到几乎涵盖所有学科的新技能，包括数学、计算机学、艺术史、语法、经济学、个人理财、创业。

“技能分享”（*Skillshare*）是一个学习平台，你可以在上面学到从摄影、编程到修图的各类技能。

“电梯”（*Elevate*）是一款脑力循环训练应用，它提供40多个小游戏，帮助你提高效率、提升自信、提升阅读水平、提高注意力、改善记忆力，提升演讲和倾听的能力。

· 有了新想法后，组织一场焦点小组，和观众一同讨论吧。在照片墙发出问卷调查（请观众投票），这可不是件难事，你马上可以得到关于项目或业务的决策参考，进而做出小（或大）的决策。

· 保持公测模式，随时待命，这并不是要你一刻不停地更新信息或修改计划。你只需要针对具体细节进行微调，以保持更新度。例如，公测模式并不是要求你每隔数月就彻底把个人页面重新设计一番，而是进行轻微调整，或者添加一些新上线的特色功能或小程序。注册账号，设计自己的新闻通讯，关注最喜爱的网站，看看他们是怎么做的。

拥抱个性化定制时代

我们已经迎来了个性化定制时代。网站针对性地向我们推送各类推荐资讯（大多数时候人们欣然接受，直到某天它们显得讨好卖乖而令人生厌）。我们最喜爱的网站会自动记录登录密码、银行账户信息和购买偏好。图片分享社交应用品趣志（*Pinterest*）的页面是最受欢迎的作品展示。在规划网络生活时，我们依赖的是现实生活中的经验。个性化定制（不管我们是否乐意）服务在网络上方兴未艾，为何我们不可以举一反三，定制职场生活？这也才是多重职业的真谛，定制自己的职业生活，因为我们有这个权利。为什么我们不可以定制自己的工作，以最大限度地发挥自己的优势呢？

个人生活定制化的途径

· 尝试并选择最佳工作环境。

参加麦尔斯－布瑞格斯性格类型指标（*Myers Briggs*）测试。这项测试能够测出你是如何看待周遭的环境、如何做决策。弄明白环境或团队方面的变动是如何影响了你的职场生活。例如，如果你性格内向，你的确需要远离开放式的合作办公空间，找到自己的安静小窝。

· 反思一下，对自己的工作风格有哪些不满？即便工作取得了成效，除了心灵鸡汤外，是否有其他方式激励你热爱工作？

例如，在后半夜，我的工作进展得很顺利。我始终对此感到羞愧，但是我决定接受它成为日常生活的一部分，我不需要因此自责。另一个例子是，一位朋友负责为每日的工作会议做记录，尽管明知道在线日历很管用，她也懒得使用。制定一份清单，列举出所有你手上的任务，作为个人日常习惯的一部分，试着接受它们。

做自己的经纪人和推销员

你的房屋前是什么样的景色？每一个人都有一扇透明橱窗，人们透过它判断你是个什么样的人。我们的门面曾是个人简历，它是一张 A4 纸，写着枯燥的新罗马英文字体（*Times New Roman*）。你带给别人的第一印象曾是通过面试：整洁的衬衫、纯真的笑容和不问愚蠢问题的能力。现在，我们的门面已经升级改造，我们只需要轻点鼠标，就找到最中意的人。

你的网络个人空间就是你的个人橱窗，在这里，每个人都可以浏览你，你可以与世界上的任何一个人介绍这个橱窗，说“这就是我和我的职业”。人们常犯的错误就是将自己的职业生涯事无巨细地广而告之，其实，这么做没有必要。如果你刚完成了一个项目，目的只是为了赚钱，那就不要分享它，因为你对这个项目不感兴趣。你所分享的内容将决定你所吸引到的工作，你不需要在门面上摆齐自己在业余时间的所有工作。要意识到，你在互联网上的门面是用于吸引你所期待的工作机会。简而言之，你需要做一名合格的推销员。

在网上，你希望自己的对手是谁？找到与你志向相似的竞争对手很重要。在亚马逊上，你希望自己呈现什么样的形象？想象一下，网站利用了一套算法把相似的人群和品牌分类归组。记录下你愿意与之为伍的人，与志同道合的人或对你的简历或网页内容有兴趣的人成为朋友。众人拾柴火焰高，即使是和自己的竞争对手合作也不例外。无论是正准备接手新项目，无论是为了赚钱还是图个乐子的消遣副业，你都可以清楚地知道有谁正在这个领域工作，有哪些可以利用的资源。观察粉丝基础，你可以大致看清楚自己的目标对象是谁。观察这些和自己相似的人群的推特账户，成为这些人的粉丝，关注他们的动态。与志同道合的好友们相互宣传，开展合作，邀请信的访客加入彼此的项目。例如，与他人合作，制作两份内容，分发给彼此的粉丝。对播客而言，你可以把两个频道的广告都放在自己的页面上，相互推广自己的内容产品。

斜杠人士的目标之一是自我推销。说到底，每一个人都是推销员。想为邻居卸载家具吗？想要在脸书上出售多余的电影票？想要在客满的咖啡店里享受优先服务？在这些情景中，你都可以利用销售技巧获得自己想要的。在互联网时代，自我推销是一项日常练习。

自我推销和在线服务的 6 种方式

1. 准备一套媒体资料包。包括高分辨率图标、大头照、数据资料、你 / 公司的背景资料和推荐信。

2. 突出重要事件。真实生活中，你是否有可能在不经意间撞见了一个工作机会？如果你主办了重大活动、研讨会或举办地址，在个人网页上设置一个单独页面呈现这些信息。

3. 瞄准工作目标！尝试使用社交媒体广告，使用照片墙和脸书的观众过滤功能［你可以预先设定好目标观众群体，范围可大也可精准，例如，18-21 岁，住在曼彻斯特，喜欢观看《影视看台》（*Gogglebox*）的观众。］

4. 保持联系。在个人主页或社交媒体页面的显著位置标明电子邮件地址。

5. 有信服力的推荐。公开展示人们对你的最佳评价，在个人网页或社交媒体主页展示这些信息。

6. 媒体！结交本地媒体或全国性媒体的资源，以立刻吸引人们关注。

不需要辞去全职工作

如果你是一名斜杠人士，有一份全职工作，或至少一份兼职工作，那再好不过了，因为，这说明你有生活来源。有了收入来源，你就可以放开胆子尝试新鲜事物，对自己想要尝试的副业有更清晰的认识，同时也不必面临赚钱谋生的压力。（当职场指导书在第一页就建议读者辞职时，我真心表示不理解。为什么要如此建议？‘嘿，拿好这本书！明天就辞职。勇敢开口，辞职没什么大不了！’这可不是个大不了的事。）

一时兴起而辞掉工作的后果不是我们可以预估到的，除非我们生活在一幢黄金屋里，花园里种着金钱树。我在励志书籍中阅读到的“勇敢去做”的思维常常放错了位置。你不可能永远“尽力争取”。你不可以鲁莽地放弃自己的工作，追求“摘星星”和“勇于追梦”。有些时候，你必须静待时机，首先制定好了策略。

其实，在全职工作角色之外开辟出新角色不仅要你力所能及，这也是你的权利。乍一看，这是一种牺牲，你失去了一天带薪工作的时间。然而，收益是巨大的：享受一天空闲时间（照顾自己）或开创副业，副业可以不断发展壮大，你的收入也将日益丰厚。额外的项目或副业使你学会了新技能，获得额外收入来源，认识新的朋友，他们可以为你的长远职业生涯给出良好的建议。在一个变幻莫测，未来不可预知的世界，你可以做出更好的选择。短期牺牲将转变为长期优势。你需要居安思危，目标坚定。

打算提出弹性工作的要求？以下是你需要认真去执行的：

- 提出书面申请。
- 设定期限。
- 描述你希望当前的工作模式有什么样的转变。
- 解释这种改变将给公司带来的影响。
- 表明这是一项合法要求。
- 如果曾经提出过类似要求，写下来。

你是斜杠人士，不是一心多用的能人

人们关于斜杠人士的最大猜测之一是，斜杠人士必须像一只蝴蝶，在不同的项目之间蹁跹飞舞，但是，这只蝴蝶决不会停留在某处，这种想法是错误的。你可以有多份工作，但是，你依然会在某一项任务上花费更多的时间。你可能接了许多份项目，有许多身份，但是，你依然可以适当地分配各个项目的时间（这一点很重要）。例如，如果你是个兼职护士，也是个儿童文学作家，你也不能在两个身份之间往往复复地奔走。当你从事一份职业项目时，你就需要全身心地专注于当前的项目。

我们都知道，一心多用无法达成良好效果。布丽吉德·舒尔特（Brigid Schulte）写了一本书《不堪重负》（*Overwhelmed*）。这本书描述了工作和现代生活给职场女性带来的巨大压力，在书中，她说，经历职业生涯的螺旋式下跌的那一刻，她意识到，承担太多任务就是罪魁祸首："我始终落后于进度，打算冲出家门前，工作任务总是接踵而来，让我难以抽身。"

《深度工作：如何有效使用每一点脑力》（*Deep Work: Rules for Focused Success in a Distracted World*）的作者卡尔·纽波特（*Cal Newport*）发明了"深度工作"一词，卡尔还是一名教授和科学家，我是"深度工作"这一概念的支持者。他将深度工作定义为注意力和专注力的艺术，重要的不是工作时长，而是工作的深度。该定义让“艰难工作”不再显得充满压力。艰难工作并非指全天候连轴工作，实际上，进行 30 分钟的深度工作，同时不受外界干扰（没有苹果手机，没有推特，什么也没有）能带来难以置信的价值，你也可以提高工作效率。

丽·吉尔伯特（*Liz Gilbert*）曾说过，每一天，她会花 30 分钟写作。她建议有志于成为小说家的人“使用煮蛋计时器”。你不需要布置完美的场景，一支香薰蜡烛或乡村小舍，你只需要 30 分钟无人打扰的时间。你可以从网上下载计时软件 “托格”（*Toggl*）和 “时间营”（*TimeCamp*），类似的小程序种类繁多，它们可以执行时间跟踪功能，测量工作时间并创建报告，帮助分析哪个项目拖了后腿。控制软件“自由”（*Freedom*）则可以在 8 小时内切断所有网络连接，“自我控制”（*SelfControl*）小程序能让你屏蔽网页。

行小事，思大局

多重职业并非指权宜之计，而是利用策略、挖掘机会以开辟新的路径，使自己的职业路径相较于其他职业方案，显示出更强大的持久力。

我意识到，为了持续地感到“脉搏在跳动”，我们既需要有“现在感”（短时间内完成大量工作），又需要有“未来感”（关注产业大变革），这并非要求你精确地说出 5 年后自己将成为什么样的人（预测未来是不现实的），而是指，你需要思考 5 年后，你选择的行业、世界、媒体和社会将会变成什么样。

关键是：既要观察大趋势，也要有小目标，兼顾两者。每日三省吾身：明天，下周，下个月，我能否达成一些小目标，行业未来的发展趋势又是什么？

我们无法预测 5 年后自己会从事什么样的职业，但是，我们可以观察趋势，为之努力并且做好准备。观察出现苗头的新趋势，尤其是科技趋势，放心，你不会变成技术宅，这么做很重要。还有一个好办法就是订阅趋势预测邮件，例如，在 *trendwatching.com* 或 *Pocket newsletter* 等网站上，你可以订阅到见解独到的科技趋势简报。把订阅新闻通讯作为习惯，培养粉丝群，直接获得有效信息。这或许需要你分门别类地设计推特通知列表、书签、发送个人或专门行业内的新鲜咨询。花时间设置这些功能是值得的，你不仅可以得到高质量信息，也避免了浪费时间，同时过滤了无效信息。

我们无法预测未来，但是我们可以猜测，同时，不能忘了每天都需要挤出尽量多的时间。

企业家加里·维纳查克（*Gary Vaynerchuk*）在《导师天团》（*Tribe of Mentors*）里对蒂姆·费里斯（*Tim Ferriss*）说，我们“不应关注未来 8 年的事”，而是关注“未来 8 天的事”。不要做白日梦畅想未来，而是挤出几秒钟、几分钟、几天的时间，利用这些时间敦促自己为未来做好准备。

巧妙地分配精力

现代生活中，科技无处不在，科技的好处在于，我们可以规划好自己的生活流程，这也直接影响了我们的能量消耗水平。我们可以排除干扰，更明确地得知是什么激发了我们的创意，是什么白白消耗了我们的精力。我们既要掌控自我，也需要自制力。

作家和技术哲学家汤姆·查特菲尔德（*Tom Chatfield*）说："你的意志力有限，精力也有限。"旧时的职场结构或许已经不适合你了。我们能集中注意力的时长变了，工作方式也变了。我们需要保存能量，明确地使用它。

《不加班，搞定所有工作》（*The Way We're Working Isn't Working*）的作者托尼·施瓦茨（*Tony Schwartz*）认为："人类生来就是为了在消耗能量和补充能量之间奔波的。"记录增添活力和消耗精力的事务。定制个人日程表。电脑可以彻夜不停地工作，但我们做不到。关键在于，我们需要更加了解自己的身体、自己的想法和自己的个人生活节奏。

以能量消耗和以小时为单位衡量工作效率。以前在办公室里工作时，我浪费了大量时间：喝茶、聊天、八卦别人的约会趣事、发出噪音、听广播、参加无数会议。职场研究调查发现，职场专业人士平均每天会被干扰 87 次，最终的结果是效率下降，无法集中注意力。我的经验是，电子邮件不是朋友 。我们在使用电子邮件时，以为自己提高了效率，但它其实是把双刃剑，也是浪费时间的最大帮凶。但我们不得不使用邮件。以下是应对收件箱过满的提示：

邮件折叠：针对不同任务类别，设置不同的邮件折叠文件夹。标签、色彩标记……使用一切可用的功能将邮件从主邮箱中归类，分类放入折叠文件夹，隐藏文件，接着，你只需要回复那些必须回复的邮件。这样一来，你的邮件按任务主题分门别类，不再杂乱无章。

设置邮件自动发送：看起来很忙和有效率是两件事。当我意识到自己不必立刻回复邮件后，一切都不同了。深夜回复邮件会让你看起来像着了魔，有时候，你想登录邮箱查看邮件，却有个会议立刻需要开。我习惯批量回复邮件，按轻重缓急的次序设置好自动发送时间。我或许会在电视机前回复邮件，但设定的是上午发送。如果你想接受一份邀约，却不想显得自己过于热情，那么这也是个好办法！谷歌邮箱（*Gmail*）的飞去来器（*Boomerang*），“追踪”（*followup.cc*）、“飞奔”（*Streak*）或“应答”（*Yesware*）都是可选的好帮手。

屏蔽在线日历上显示的固定日期：如果你想逃避接踵而至的干扰或会议，从事深度工作，那么，就屏蔽日记提醒内容或偶然订阅的信息。对于斜杠人士而言，这很关键，毕竟，你无法为一个项目而随叫随到。

谈钱不伤感情

我们提到过，挑起食欲是一种策略：小规模的粉丝群，搜索引擎不断优化，强烈的存在感，能够吸引客户。但是，“任劳任怨”以吸引工作机会和“不求回报地任劳任怨”是不一样的。不要让发推特、发博文、写文案、宣传公司或工作成为一种习惯，反倒忘记了自己的最终目标。

免责声明：过去，我免费接手了许多兼职项目。从学校毕业后，我抱着积累经验的单纯初衷，承担了一份入门级的工作，我也免费接手了许多工作，大多数情况下，我也得到回报：拓展人际圈的机会，丰富简历上的工作经验，好让今后的工资能涨 10 倍。我认识许多人，他们在初入职场时都没有领薪水，这也是之后他们取得事业成功的原因之一。

当你还是职场新鲜人时，“曝光率”仅仅是拿到工资的手段之一，除此之外，你也没有其他用处。但是掌握了技能后，“曝光率”就显得可笑了，它不该出现在你的职场词典里。但是，我们又要如何察觉，哪些人是在忽悠我们呢？

大多数人花了大把学费，想把从大学学到的知识转变为职业生涯的储备，但是，他们最终得到的不过是债务，每一个人都希望职场新人“或多或少”是免费劳动力。这个思路从一开始就是错的，完全不公平。我们需要坦率地表达自己的意愿，包括打算如何依靠多种职业谋生，如何让斜杠生活成为可能，如何获得现金流，如何确保我们提供的服务能够按时得到报酬。除非是能让我获得商业成功（不以赚钱为初衷）的特别机会，否则我是不可能免费工作的。例如，参与一场令人愉快的活动，并且在这个场合里可以认识到潜在客户，或某项专注于推动变革的公益性合作。

保障获得收入的 4 个提示

1. 经纪人：雇佣一名经纪人，他/她将是你和客户联系的纽带，经纪人的主要职责包括开发票和追踪订单（类似虚拟私人助理）。然后，你就可以全身心地投入自己擅长的一亩三分地——完成工作！行政事务就不会拖后腿了。

2. 自动化：泽尔瓦 （*Zervant*）等企业为客户提供了在线开票和提醒功能等服务，只要设置好时间，网站就会定时将发票发送给客户。于是，你就不用担心每个月重复同样的工作了。

3. 坦诚。确保你的支付政策（多长时间支付酬劳等）是明确无误的，并且以书面形式记录下来，在开始工作前，坦率地提出要求支付 50% 的佣金。向对方明确地说清工作范围，任何加班产生的费用都需要发票报销。事先询问清楚支付体系/流程，这些都是你必须了解的。

4. 勇于提出更多要求：你可以提出任何要求！这与性格无关，而是现实的需要。确保工作开始时你的盈利比例也提高了。或许你所在的企业并非传统行业，但是你应该回顾过去，宣传自己，给自己加薪！（第 10 章会有更多金钱方面的提示）。

专访游动自由职业者联盟（*The Hoxby Collective*）的联合创始人和首席执行官莉奇·佩妮（*Lizzie Penny*）。

莉奇·佩妮创办了一家名为“游动自由职业者”的线上外包服务机构。用她自己的话来说，自己的公司是“全球自由职业者的社群”，人们可以根据令人兴奋的酬劳报价，选择匹配的工作。我想把这种新型企业放在聚光灯下，因为这些机构开创了新的生活方式，让人们的职业生活更加便利。斜杠人士的生活和工作并不孤独。他们只是拥有弹性时间，按照个性化的日程进行工作。

莉奇说，“游动自由职业者是一家线上虚拟机构，科技使人们能够无论何时、无论何地实现弹性地工作。我完全支持人们维持自己的工作风格，感受到自己的才华和野心，人们不应该因工作的缘故而在家庭生活或爱好方面做出妥协。”

埃玛：你创业的初衷是什么，这家公司的主要业务是什么？

莉奇：我希望创造一个更加快乐，更有成就感的社会，我相信，只有从根本上重新思考工作模式，才能实现愿景。我们为志同道合的人们建立了一个社群，这些人希望保持自己的工作风格，随着影响力的扩大，我们的发展超乎意料地迅速，成为具有全球影响力的公司（现在，我们在全球 30 个国家都有业务）。外包各类业务是自然而然的事，我们发现，在每一个学科，每一个层次，都存在着希望弹性工作的人群！我们所做的不过是推动这种趋势，我们的创业初衷则是经过深思熟虑的。

埃玛：为什么你认为，我们需要证明自己未来在职场中的实力？

莉奇：科技不仅改变个人生活，而且也改变职场，它的影响是深远的，尽管我们无法清晰地描绘出不远的未来究竟会是怎样一幅图景，我们也应着眼于眼前发生的变革，与时俱进，学习着利用这些新变革，改善个人、组织和社群的效率。如果不这么做，那么很可能失去一个机会，一个找到最适合自己生活和工作的方式的机会，有备无患能让你抓住机会，以自己喜爱的方式做自己喜欢的事，挖掘生活中各个方面存在的弹性潜力。我们也离不开诸如"游动自由职业者"这样的机构，它服务的对象不仅是个人，也是社会群体，它向大众证明，这是一种奇妙的工作方式，他能鼓舞人心，吸引更多人的加入。

埃玛：在你看来，人们为什么依然对弹性工作抱有偏见？

莉奇：我发现，捍卫朝九晚五（或朝八晚八）工作制的人群数量庞大。这个概念已经有 200 多年的历史了，200 多年沧海桑田，创新变革不计其数，但是，我们工作的方式却没有任何变化。令人最感到沮丧的是，出勤主义文化依然普遍存在。

四分之三的人们认为，出勤主义（在办公桌前工作或假装工作）在职场并不稀奇，然而，同一份问卷调查也显示，88% 的弹性工作者认为自己的工作效率提升了，也因此，无论对于业务还是生活，弹性工作制都更加科学合理，但是，大多数人还认为弹性工作低人一等，如果想更好地适应未来的工作，我们需要消除偏见。

我担任首席执行官的总机构有 400 多个合作伙伴，我一周工作 3 天，比兼职工作者的工作时间还少，每周的工作日都不是固定的，但是，我在工作上的表现并没有因此而逊色。一般说来，变化非人性所喜，经过一段时间以后，我们希望人们以产出来衡量工作效率，而不是在某张办公桌边静坐了多长时间。精英政治就是管理不同工作形式的最佳方式。

埃玛：如何鼓励人们面向未来，关注新的工作和生活方式？

莉奇：创建游动自由职业者时，科技并没有在职场得到最大程度的利用，我们抓住了这个时机，创造出更多适用于新工作的精英管理方式。我想最重要的两件事是找到平衡工作和生活之间的新方式，首先，要确保能够始终注意到周遭环境的变化，既包括日常生活环境，也包括世界范围内发生的更广泛的变革浪潮，其次，定期反省自己的生活，自己的幸福感和满足感，然后反思自己是否真正实现了生活和工作的平衡，思考是否有改进空间，打造更好的弹性工作方式。第三件事当然就是相信自己能够做出改变，实现弹性工作，这也通常是最艰难的那一道坎。

埃玛：有人认为，只有千禧一代被贴上了“兼职者”标签，创业热潮只在千禧一代群体中繁荣，你认为这个看法是否公平？

莉奇：我想这个说法完全错误。游动自由职业者是个真正意义上的企业家社群，他们来自世界各地，各行各业，各类年龄段。社群里的每一个成员都为了自己而工作，每一个成员都战胜了各自面临的挑战，以最适合自己的方式从事着自己最爱的事业。如果要说这个欣欣向荣的社群让我学到了什么，那就是永远不要低估每一个人的奋斗，无数个人的奋斗故事埋藏在我们这样一个力量庞大和团结的社群里，社群不只产出千禧一代。当你环顾四周，你会发现，积极上进的企业家无处不在。

埃玛：这些虚拟线上机构是否鼓励人们采取斜杠生活方式？

莉奇：在游动自由职业者的社群成员都是各有所长的斜杠人士。我敢说，在这里，你几乎不可能找到只有一份工作的斜杠人士！有一位成员是教师－室内装潢商－活动组织者－睫毛嫁接店铺老板－数字项目经理－策展公司经理和婴幼儿厨具经营者－市场营销部门客户经理等等。我们认为，拓展职业领域宽度有助于激发不同的思维方式，彼此碰撞产生新的理念，这一切说明，你可以爱上自己的工作。

总结

当你希望有人推你一把，告诉你如何把新理念融入生活，例如，在哪个网络平台上使用手画素描工具、如何增加粉丝数量，个人品牌的重要性以及必要性，那么，参考以上的方法吧。多重职业的最终目的就是重塑自己、重塑工作量、保持敏锐度。重要的是，你需要 a）不忘初心，b）精准的定位自己已经设置好的功能，思考如何能够百战不殆。令人兴奋的是，有莉奇这样的公司，它创造了一个大规模的社交网络和社群体系，让我们认识更多斜杠人士，持续地获得工作机会，我们能够以最佳状态投入专业领域的一亩三分地，发挥自己的各类技能。

第8章

正面工作中的焦虑情绪

“不要翻唱别人的人生。”

——露西 · 谢里登（*Lucy Sheridan*）

英国史上第一位“比较教练”（*comparison coach*）

如果要写一本书，讲述如何实现事业和家庭双丰收，那么，这本书万万不可缺少一个专门讨论失败的章节。我个人的经验是，市面上有许多商业书籍把失败神圣化了。初创企业的墙面上贴满了类似塞缪尔·贝克特（*Samuel Beckett*）“再接再厉，再失败”的名言。人们看似无时无刻不庆祝获得了失败。对于成长过程中的你而言，失败是一份重要的人生经验，但失败根本不有趣。

当我写这一章时，有 4 个主题出其不意地跳入我的脑海。它们是：干净利落地搞砸，自信差距，开口争取弹性工作的挑战，情绪如何影响工作和工作决策。我把它们概括为：失败，女权主义，弹性工作和情绪。这本书并非只是针对女性读者；谈论自信时，我们难以界定做一个“自信狂人”（*Confident Alpha*）是否真的能够带来收获，职场文化又在多大程度上依此而对人做出评价，男性在这个方面已经先走一步，占了上风。家长制社会影响了男性和女性，男性在职场的挫败同样也是女性会面临的问题。陪产假对于男性而言很重要，然而，许多企业仍然没有把其视为慷慨施与的福利。英国的一家名为“反对悲惨生活”（*The Campaign Against Living Miserably*）的慈善机构和《赫芬顿邮报》英国版（*The Huffington Post UK*）联合开展的研究显示，

87% 的男性希望有更多的时间陪孩子。“兄弟文化(*bro culture*)”和“少男文化”（*lad culture*）对男性和女性都有害。

成长路上，无论从事何种职业，失败和挫折都不可避免。斜杠人士也不例外，当我写出职业巅峰时的成功时，我觉得也有必要说说低潮期。或许正在阅读的你缺乏一个职业选择和职业决策体系的支撑系统。或许你加入了数不清的脸书私人群组，却一个字也不敢发表，因为龙蛇混杂的社交群体令你生畏。或许你认为自己也不应该征求父母的意见，因为他们对于工作和成功的理解与自己截然不同。或许你刚经历了职业生涯中 180 度大转弯，对未来感到担忧。工作挫折和生活中的阻碍并不是一个行业的专属。好比摸着石头过河，与身旁的同伴比较，你总感觉无法完全释放自己的潜力，这也是在职业生涯中，所有人始终需要与之抗争的问题。

恐惧和失败

面对工作、项目、晋升或重要任务时，人们不可避免地产生畏惧失败的情绪。当然，即使你已经是个斜杠人士，也无法规避这份恐惧。每一份工作都有挑战性。采访作家兼诗人劳拉·多克里（*Laura Dockrill*）时，她说，自己常常担忧接手的项目最终只会成为半桶水而不是内行里手。作家和媒体撰稿人卡罗琳·奥多诺霍（*Caroline O'Donoghue*）说，“有人认为，我不过是一个没学会走就想跑，狂妄自大的懵懂千禧一代、万金油，因为我没有能力把一件事做到极致。”对于21世纪的创意人士而言，身兼多职的确是不走寻常路的做法，但这也不过是顺应行业趋势的自然结果。但是，我们不能忽视一些人提出的担忧和意见，反思“脚踏多条船”是如何给人产生贪婪和轻浮的印象。现在，我们有了更多选择，这没有错。问题在于如何组合这些拼图，形成有机整体图景。

这么多年的职业生涯中，我有过各种各样的职业头衔，其中有一些令人印象深刻，还有一些令人丈二和尚摸不着头脑。我很快意识到，职业称谓的光环正在衰减，它的作用不过是告诉别人你是谁，做什么工作。它不再是人们进入大职业孜孜以求的身份标签，也不再能激发人们获取家喻户晓身份的虚荣心。它日益成为开创自己的事业，根据自己的法则生活的佐证，在这个方面，它令人印象深刻，激发了许多人的兴趣。

重点是，世界变化日新月异，我们的适应速度也日益加快。约5年前，“社交媒体经理”这一岗位还被视为新鲜岗位，令人信奉，而现在，它变成了一个必备岗位。例如，脸书称创造了450万个以上的就业岗位。这些岗位的工作人员并非全职员工，其数量高达8000人。脸书称这些岗位并非与业务直接关联。例如，社交媒体营销人员、开发人员和互联网设备制造等间接岗位。听到这些新岗位头衔，一些人或许会翻白眼。或许是对未知的恐惧，或许是许多人认为这些岗位最终会因互联网而昙花一现。但是，即使我们还在探索融合的最佳方式，这些新角色还是很快地融入了传统劳动力大军中。很快，我们就会忘记这些岗位出现以前，自己是如何工作的。很有点儿类似电脑取代文书工作的过程。

人们喜欢模仿新的工作方式。负面影响已经开始显现，数字游民（*digital nomad*）这一专属称谓和讽刺漫画就是证明。我们按照老办法做事，是因为遵循老规矩更有安全感，当人们对你的职业选择嗤之以鼻时，坦然接受，你将以小代价换取未来的先走一步。

我把恐惧和失败标记在学习曲线上，作为经历的一部分。在开始目前的生活方式之前，污点已经伴随了我多年。兼职［网红播客，通过讯佳普（*Skype*）提供咨询建议，受邀前往世界各地参加会议和研讨会］带给我丰厚收入，但是，别人对“成功”和“合适工作”的意见的确一度阻止我跳船，以自己的方式同时处理多份工作任务。我仍然觉得自己需要在一家“得体的公司”工作，挂着员工牌，这才算有个正经工作。我还记得，我参加的第一个研讨会上，人们在介绍我时，提及的是我的副业，他们根本无所谓我的全职工作是什么，因为我是凭借副业才被邀请的。

我还记得，每一次当我感到自己可以辞职，利用私人时间从事兼职，在休闲时间赚取同样多的收入时，我会在日记一角画上一个红点。那本日记上一共有 320 个红点。直到那时，我才鼓足勇气辞职。我绝对不赞成鲁莽决策，冲动行事，但是，如果我们手头有兼职，或正准备开始接手兼职项目，我们就有安全网，接着，周围就会出现鼓励我们勇敢尝试的人，不再会有人劝我们三思而后行。我们应该勇于尝试，因为最差的后果就是做回从前的工作，或类似老本行的工作。

对失败的恐惧还包括汹涌而来的中年危机，或者说，生命已过四分之三的危机。我们撞了南墙，却悲伤不已，心想，就这样了吗？千禧一代正在遭遇中年危机。时尚资讯网站“简约”（*The Cut*）刊登了一篇作家丽萨·米勒（*Lisa Miller*）的文章，文章里提到被二十几岁和三十几岁人群称为“抱负冲突”（*Ambition Collision*）的境况，许多人直言扎心了。“抱负冲突”指的是：“踌躇满志地步入职场，充满自信地拼搏，到了30岁以后，却成了职场老油条，也因此难有晋升。”我们相信了“无忧无虑”或“拥有梦想中的工作”的美梦，当我们一步步往上爬时，我们不禁想，就是这样吗？这种感觉令人恐惧，无论你处在哪个年龄段，认识到彩虹尽头无黄金，这就是生活啊。丽萨说：

> 就像女性为短期职业腾出了生活空间，她们对职业的满意度日益下降，或感到争取工作越来越难，或比自己想象得渺小。除了社交网页上女性满足感的照片以外，还有什么能填补空缺，何况，那些假期和鸡尾酒的照片反映全部生活？

我深有感触。你可以拥有“理论上“的成功，例如不菲的收入、大流量和线下项目，但是你很快意识到，还是会有一种诡异的空虚感会向你袭来。

当我第一次告诉别人，我打算写一本关于多重职业的书，有些人大吃一惊，我收到的回应有：“零工经济可不怎么样！”“你是不是要教别人怎么成为一个有影响力的人？”和“这听起来工作量增加了不少。”由于难以客观地解释自己的新计划，我们不得不关闭工作话题，这种情形总是让所有人身不由己地想逃脱。

但是，这也会激发我的斗志，让我更想写一本书，列举所有盘根错节的烦恼，而不是标题党养成指南。

人们对“# 未来的工作”（*#FutureOfWork*）这个标签的看法各不相同。每一天都会涌现新的发明创造，针对数据问题的解决方案也在日日更新，只不过，我们尚未发明一套完整的工作体制，以针对性地解决新世纪出现的问题，毕竟，现在的女王已经不是维多利亚了。职场变革速度实在是太太太慢了！然而，有一些人变了，我们开始意识到，办公室已成为束缚我们的牢笼，也不确定该如何利用互联网提高工作效率。注意，这段话可不是励志故事的开头，毕竟绝大多数人连创业是什么都没弄明白，就已经开始创业了。

学无止境。我们必须不断地自学新技能。当前的学校体系已经过时，不适用于现代职场。我们应该讨论个人隐私，安全，社交媒体使用规范，如何应对公然羞辱，就业市场新动向，如何创业和改善精神健康水平。如果自我雇用已经蔚然成风，我们应该教会大众如何投资理财，如何缴纳税收。我们应当教育年轻人如何不与时代脱节，保持好奇心和兴趣。如果我们承诺月亮星辰，彩虹尽头一定有黄金，那么，中年焦虑就必然成为不速之客。

女权主义和自信落差

目前，涉及职场权利的大话题是，人们普遍缺乏自信去追求工作中的目标。世界是一个令人恐惧的地方，现在的确不是承担风险的时刻。然而，这也是改变人生的唯一方式（无论是高风险还是低风险）。为了改变人生，你必须胆战心惊地迈出第一步。我在推特上问："如果你接手了一个项目或兼职工作，这些工作是你计划多年的，如今终于实现，你面临的障碍是什么？"回答几乎都与自信或缺乏自信有关。一个网友回答："自信，并不宽裕的资金，较少的知识（也或许极少人会开口征求他人意见）和糟糕的时间管理。"另一个网友回答："自信/冒充者综合征。"还有人说："担心失败，怕被重用，自我怀疑。"也有人说："自信，感觉自己能行。"还有人说："自信的确管用，通常而言，自信是个可爱的概念，但是，要把它变成现实却是个可怕的尝试。"有人说："我不知道如何迈出第一步，就好像缺水的鱼儿！"也有人说："缺乏自信，自我厌恶。"

除此之外，还有其他原因——金钱，缺乏精力，时间和资源，但是自信是最主要原因，自信危机也曾经一度席卷了我，让我无处安放恐惧的心灵。

讨论这个问题是必要的，因为有承担风险的自信，有承担责任的自信将会成为未来职场的决胜武器。正如职业教练格温德林·帕金（*Gwendolyn Parkin*）所说的，"今后的职业生涯中，你将不会围着雇佣者或者行业团团转，你就是自己的太阳。我们将独立自主地做出决策，更多人成了顾问和自雇职业者，我们会在一些目前尚未发明的工作海洋中徜徉。"

在职场，缺乏自信还有其他的表现。*monster.co.uk* 网站和调研机构尤格夫联合开展的调查研究结果表明，年轻女性职员中存在着职业危机。71% 的人反映，自己没有足够的自信要求加薪。结果表明，男性在计算机技能方面的自信程度比女性高，只有 43% 的女性认为自己的电脑技能“足够好”。

数据摆在眼前，我们可以很明显地看出，职场上，女性整体的自信程度不如男性，不同文化环境中也是如此。缺乏自信的原因包括，女性进入职场的时间晚于男性，职场成功女性领导者的数量不如男性多，缺乏仰望的标杆。女性之间还经常出现钩心斗角的事，因为在历史上，女性在话语权领地占据的席位向来有限。从我个人的职场经验来看，我很遗憾地说，我依然感到竞争和挑衅无所不在，而对手也主要是同行女性。我希望这种事不会发生，但它就好比冥顽不灵的亡魂挥之不去。

信心不能买卖，但我们可以采取措施试图鼓励更多冒险，特别是在冒险时来在线试验一个新的想法。

关于自信，我想提醒自己的五件事

1. 大多数人都在查看自己的个人页面，没有空去看你的。大多数人大多数时候都在焦虑自己的事 。没人那么关注你。

2. 自信源于不断重复同一件事。世上没有一劳永逸的方法；不断重复，不断学习。

3. 在收件箱设置名为“美好事情”的文件夹，收录赞美邮件。当你患上冒充者综合征时，打开这个文件夹，证明自己知道自己在做什么。

4. 勇敢地承担感到畏惧的项目，你心里明白，长远来看，它们会令你更加强大。

5. 紧张焦虑的表现和感受和兴奋类似。如果你感到焦虑，尝试着平静，淡定，求诸于己。自信不是嗓门大、音量高，也非挺括的西装。

弹性工作的救赎

弹性工作制在女权主义者看来，就是她们的未来。哪怕是轻微的弹性都能撬动巨大的发展动力。平等与人权委员会（*Equality and Human Rights Commission*）的一项研究表明，在英国，每年有大约54000位新母亲失去工作，是2005年开展的研究结果的2倍。同时，研究结果还揭示，10%的女性在老板的要求下延后了产前检查时间，从而增加了母亲和胎儿的健康风险。

斜杠职业需要职业弹性的空间。无论有没有子女，你都需要横跨多个项目。你或许需要一整天或一个下午的时间为自己增添一个新身份，无论是晋升母亲还是去海边画画。所以，你该如何提出弹性工作的要求？

英国领先的工作生活平衡慈善机构网站*workingfamilies.org*最新的研究表明，“任何一位工作时长满26周的雇员（或雇员利益攸关者）有权利向老板要求实行弹性工作；你不需要又是家长又是家庭护理员。”大众对弹性工作制存在一些固有偏见，认为只有当了妈妈的员工才会提出这种要求。其实，父亲也希望弹性工作。皮尤研究中心（*Pew Research Center*）的调查报告表明，48% 的在职父亲认为，弹性工作制度对自己而言极端重要。

凯伦·马丁森（*Karen Mattison*）是专注于兼职工作的招聘咨询公司“顺时”的联合创始人和首席执行官。2016 年，她发起全国性的“以我的方式工作”（*Hire Me My Way*）运动，将弹性招聘（即从员工入职第一天起就实行弹性工作制）这一话题带入公众视线范围，这项运动由大彩票基金（*Big Lottery Fund*）赞助，旨在培育弹性就业市场，为数亿技能型的弹性工作人才带来希望，使他们不会被迫逐出英国的就业市场。5 年前，她在《金融时报》（*Financial Times*）发起“强力兼职时间”（*Poer Part Time*），号召 50 名男性和女性高管一周工作时间不超过 5 天。我想问她，为什么尽管证据确凿，人们依然选择维护职场的僵化结构？

埃玛：为什么人们依然对开口要求弹性工作感到愧疚不已？

凯伦：弹性工作被视为“污点”，人们认为它有利于员工，对企业则有弊端。据我们所知，事实并非如此。弹性工作尤其是兼职工作，始终笼罩在负面标签的阴影下。高龄人士从事兼职更是如此。通常对于很多高管来说，企业需要的不过是完全的尽职忠诚，企业常认为，衡量员工忠诚的最佳标准就是高管在办公室里的时间，而不是工作内容交代。

埃玛：看起来，这种把时间和成功画等号的老式思维依然流行。

凯伦：从个人角度而言，当我有了孩子之后，在就业市场苦苦挣扎，把最后 15 年的职场时间追求变革，帮助更多女性获得弹性工作的机会，包括兼职工作，弹性排班制度或在家办公。但是，当我第一次迈上这趟旅程时，职场和现在早已完全不同了。现在正是反思过去，重塑思维的时刻。职场已经大不相同了，人们的工作方式也早已不同。这项事业亟待与时俱进。

埃玛：这个观点很有意思，人们目睹了快速的变化，包括生活方式，购物方式，消费方式，聚会方式，聚餐方式，旅行方式，约会方式，人们需要适应这些新方式以满足需求。弹性工作制这一老旧模式为什么就只能是家长的需求？

凯伦：我相信，关注“让工作有效率”，矛盾的是，有小孩的女性或许再也不是正确选择。长期以来，弹性工作被视为妥协和迁就，给予无法以‘正常’方式工作的人群。实际上，如果我们审视冰冷确凿的证据，就可以发现两个至关重要的要点。首先，弹性工作不仅仅只是母亲的专属。它为企业带来的巨大利益早已被证明。从改善员工效率，提高注意力和员工留用率，降低出差和资产成本。第二，如果我们仔细看弹性工作制的定义，人们在何时何地工作以及如何工作，就可以发现，这些工作模式并不专属于有子女的女性员工。所有年龄和性别的员工，还有处于各种人生阶段的员工都有这个需求。我们需要三思。弹性不是为了边缘化群体，而是为了大多数人。

弹性工作不是特殊待遇，而是职工权利。

雷切尔·莫斯廷（*Rachel Mostyn*）来自“数码母亲”（*Digital Mums*），是“# 有效工作”（#*WorkThatWorks*）运动的发起者之一，她表示自己一直在思考，为何人们不愿意相信，弹性工作对于每一个人而言都是激励。

“我认为，惧怕失败是人性使然。我明白。我们是实行弹性工作制的典范，在我们的公司，团队 100% 实现弹性工作，每一位员工都能够远程办公、弹性办公。我们明白难以一夜之间立刻适应弹性工作，因此，我们建议企业先行试水，观察弹性工作政策的落实情况，并让企业和员工都能受益。例如，选择一个团队，以小时为单位，在一周内试行弹性工作，或选择另一个团队，尝试让成员在不同地点工作。如果产出和出勤率（让一个员工在办公室的办公时间长于必要时间），我相信，结果没有不同，并且效率会有提升。我还认为，太多企业依然相信只要员工坐在办公桌边，可以一眼望见他们，他们就一定是在工作。我的看法是，如果你无法亲眼见到员工，也不信任自己的员工能够自觉工作，你面临的问题远比要不要弹性工作更麻烦！”

我们对成功和弹性的定义并不是“不堪”的想法。李奥贝纳广告公司（*Leo Burnett*）的全球策划总监克里斯蒂娜·勒米埃（*Christina Lemieux*）在为“运动”（*Campaign*）杂志撰写的一篇文章中写道：传统观念中，“兼职者”是贬义词，指无法全情投入工作的人群。身为一名认真工作的兼职者（英国最有影响力的前 50 名兼职者之一），我认为，支持兼职工作和弹性工作不仅对于当前的行业很重要，更关乎行业的未来。如果你是一名兼职工作者，面对他人的轻蔑在所难免。即使工作时间丝毫不逊色于全职者，并且横跨多个领域。

即使是闲言碎语也有杀伤力，也折射出僵化的思维观念。作家西雷纳·伯格曼（*Sirena Bergman*）曾在推特上连发了好几条动态："当人们随意问出'你今天上班吗？'时，我总是很生气，就好像自我雇佣人士 = 学生 / 你是今天工作，还是在上午花大量时间浏览新闻聚合网站嗡嗡喂（*Buzzfeed*），然后到酒吧里花 2 小时吃午饭？这两种想象都很极端、无论你是穿着睡衣做着兼职，还是按传统惯例坐在办公室里，对两种工作形式的固有偏见多如牛毛。那么，居于中庸地位的是什么？哪里才可以讨论工作的起起落落，抱怨烦恼？"

乔纳森·希夫（*Jonathan Heaf*）在为《绅士》（*GQ*）撰写的一篇文章中讨论了斜杠职业，他以一种嘲弄的语气说："我最近一次去洛杉矶时，有人向我介绍了一位噪音工程师 / 营养策略师 / 沙画艺术家。据我推算，这些工作没有一个是真的——或者说，它们根本就不该是一种职业。"

当我还在公司里上班时，每当遇到要和斜杠人士打交道或涉及工作交接时，最后总是有人垂头丧气地出现在我面前。问题始终不离工作中遇到的挫败感：父母不支持自己兼职；担心经济来源；平衡全职工作和兼职；需要外界认可自己的选择。有趣的是，有些时候，我选择沉默。当他们夸夸其谈自己的想法与计划时，他们并没有征求别人的意见，他们要的不过是他人的再次认可或点头同意。这很有意思，却突出了自信差距——在构思任何项目时，我们需要更多的交流和资源支持，好给自己增添自信。由于这种工作模式尚被视为脱离常规，大多数人都需要获得外界的认可。或许和《修女也疯狂 2》（*Sister Act Ⅱ*）里不顾母亲反对参加音乐比赛的小女孩丽塔（*Rita*）相比，程度并不严重，但是，弹性工作或设计自己的职业仍被挂上怪胎的标签，在传统工作文化中根深蒂固。

我曾询问过 32 岁的维基（*Vicki*），她是萨里郡（*Surrey*）的公关顾问，谈到自己的动力时，她说："我明白，获得他人认可会感到心里舒畅，不仅仅老板告诉我干得好，我的朋友和家人以我为傲，感觉我正在从事一项很酷的工作。但这不是阻挡我追求多种项目的原因，尤其是如今已经不可同日而语"

这又是弹性工作制的一大迷思和"做自己的老板！！！"这种浪漫主义口号画出的空中楼阁，其实它们不如看上去那么美。你无法完全为自己做主，尤其对于斜杠人士而言更是如此。是的，你可以按自己的日程工作。是的，你可以自主决定承担哪些项目。是的，归根结底，你为自己打工，你对自己的日程安排有更大的自由和自主权。然而，你还是有老板的！你也会遇到好老板和坏老板！客户这个名词的本质就是在一段或长或短的项目时期内，老板依然是你生活中的一部分。这就是工作的本质。重要的是，停止 # 做自己的主宰（*#BeYourOwnBoss*）魔咒。工作的定义就是，你常常需要和不喜欢的人一起合作，做一些不愿意做的事。

多重职业让人从灯火通明的传统工作形态中解脱。但是，这和照片墙上层出不穷的“# 目标”这类口号并不一样。作为社会集体中的一员，我们倾向于做个“伸手党”，拍张美照，上传朋友圈，营造一个理想的人间天堂。自由职业美梦不只是一场梦。身兼不同职业，发挥职业技能合力以为我所用，我想是目前实现工作与生活平衡的最佳选择。“办公桌受虐情结”是真实的。照片墙上的“职场受虐情结”正在蔓延。我想，该做的不是将“做自己的老板”这一口号浪漫化，我们需要建立自己的生态系统，实现最大程度的弹性工作，做出最佳决策。

想必你已经是个内行了。

灵活运动（*#FLEXAPPEAL MOVEMENT*）的创始人安娜·怀特豪斯（*ANNA WHITEHOUSE*）的问 & 答

现在，我希望你可以意识到，斜杠人士最大的特点就是有弹性，能够把工作周划分为不同的时间段。这些不同的时间段共同构成了你的收入来源。我采访了安娜·怀特豪斯，她是作家 - 博主 - 播客主持人 - 运动领导者 - 杂志主笔 - 争取父母权益的媒体网站“社交母亲”（*Mother Pukka*）的创始人，我询问她对 *#FlexAppeal* 运动的看法。她相信，人们应当在生活中享有弹性空间，以激发个人的全部潜能，扩展职业领域。

埃玛：职场的哪一方面最令你感到失望？你觉得需要什么样的变革？

安娜：有那么一刻，我意识到我的老板并不关心我们在做什么，而只是关心我们是不是坐在座位上，这就是我感到最失望的时刻。此时的我，在精神上已经辞职了。很明显可以看出，作为雇主，你对成果的关注应该超过惩罚一个上午 9:02 才到岗的员工。

埃玛：在你发起的运动中，最大的挑战是什么？

安娜：人们认为这与己无关。人们猜想这项运动的初衷不过是“母亲想多见见家里那个早餐时把维他麦燕麦片洒满全身的小孩。”弹性工作制是为每一个人追求的权益。我们这一代人不再是简单地追求目标（假日，高薪，福利），我们也追求生活。我们想要实现工作和生活之间的平衡，做到这一点的公司也将得到人才。

埃玛：一些经常唱反调的人称，弹性工作制没好处的原因是，只要有手机，你就可以在任何地方全天候工作？你对他们有什么话说？

安娜：这和自制力有关。个人需要掌控好工作方式和工作地点，以发挥最佳的实力。每一个人的方式各不相同，在当下的环境中，有一些人发现难以实现个人发展。但是，在朝九晚五的过时体系中，许多人无法实现职业发展。在办公室中，我已经不再掩饰自己是个母亲的现实。于是，我更开心了，更健康了，由于弹性工作更好地适应了母亲身份，我对工作的贡献更大了。在怀孕时，我花了 2 个月时间，写出一本《星期日泰晤士报》（*The Sunday Times*）最佳畅销书，这么做并不是为了获得赞美，而是想以实际行动向以前的雇主证明，哪怕是一点点的弹性时间，我都可以做出一番成绩。

埃玛：你怎么看未来的职场趋势？

安娜：这是个数字技术无所不在的世界，职场必须朝着更大程度的弹性工作制度方向发展。19 世纪，伊恩·麦克莱恩爵士（*Sir Ian McKellen*）的曾祖父曾经带头倡议实施双休日。这一制度对所有人都是有益处的。不过是时间问题。

感受和工作情绪

尤利乌斯·恺撒（*Julius Caesar*）曾在亚历山大大帝（*Alexander the Great*）雕像前哭泣，“亚历山大在我这个年纪就已是众人之王，而我却一无所成，难道不值得悲哀吗？”

即便如恺撒这般伟大人物也难免与他人比较。人们始终免不了相互比较。但是，在互联网发明之前，至少我们还不会迫不得已地浏览别人倏然而逝的想法和无时无刻不设立的人生小目标。现在，别人的完美人生将我们四面埋伏，精修图的连番暴击让我们难以满足。我们要如何改善精神健康状况，不时刻与他人比较？

我的朋友露西·谢里登（*Lucy Sheridan*）是英国史上第一位“比较教练”（*comparison coach*）。她负责指导和教育人们和企业如何摆脱比较，或至少减少内心的焦虑感，也让自己不变成一个碎嘴的邻居。我很喜欢她说过的一句话，“不要翻唱别人的人生。”她还把照片墙上那些整日歌舞，让我们羡慕的照片称作“攀比界的拉斯维加斯（*Las Vegas*）”。这个描述很是精妙：互联网充满了灿烂阳光、游乐时光、喧嚣的音乐，看起来这个星球上的其他任何人都过得比你好。

这是我的理论：当你走出一条自己的路，有自己的事业体系，有多种身份，你就很难和他人比较了。当你的职业道路和职业晋升阶梯与别人不同时，要与他人比较，难度就更大了。当成功的定义或职业晋升之路因人而异时，做比较就更难了。将他人视作正能量的鼓舞而非直接比较。学着从他人身上获得进步的动力，向他人学习。

给自己打工或从事自己的项目有时候难免产生孤独感。如果你身处嘈杂的办公室，身边充斥着聒噪的同事，你就会一时间难以适应。作家史蒂文 · 海顿（*Steven Heighton*）说：“现在，社交媒体和互联网给内向的人提供了有害的妥协方案：你可以独自待在自己的房间里，同时和外界保持联系，或多或少地保持随心所欲的状态。可以说孤单，却不孤独。”

这是个严肃的话题，Z 世代或许发现，如果可以利用笔记本电脑完成所有工作，那么，宅在家就是最轻松的方式。美国心理学家琼 · 特温吉（*Jean Twenge*）在《大西洋月刊》上发表的文章指出：“像脸书这类社交网站承诺让我们和朋友保持联系。但是，‘我’一代（*iGen*）青年诞生于社交媒体时代，他们恰是孤独、与世隔断的一代。”这是实话。我们不能被广告所蒙蔽。我们应该用行动证明自己有真实的交际圈，也与社会保持着关系。打开工作视野，展望更加有弹性的未来，在空闲间隙采取弹性工作是一回事，这不意味着你需要完全放弃传统的工作形式。弹性工作是为了朋友、自我照顾、家庭时光，有足够时间避免过劳压力，可以享受一些午后的休闲时光，或者通过共享工作承担一些副业，抑或只是为了准时出现在学校大门接孩子回家。这些都是弹性工作的积极面，可以很大程度地改善生活方式。

然而，平衡始终是重点。《哈佛商业评论》（*Harvard Business Review*）中的一篇文章提到："在职场，新的工作形态，例如远程办公和应需而生的"零工经济"等外包工作形式都创造了弹性工作岗位，但是也减少了人与人之间交流和建立联系的机会。"我想强调现实生活中联系的重要性。最大的迷思之一就是，如果斜杠人士的工作之一涉及互联网领域，那么，斜杠人士就会把所有时间花费在网络上或随心所欲地工作。弹性工作不是要你任意地花费自己的时间，或完全避免与他人沟通交流。重要的是，即使不在办公室里全天候工作，也要保持人际关系，不淡出众人视野。

我发现，社交媒体是最容易找到志同道合朋友的地方，和这些朋友一起，你们可以约见面喝一杯咖啡！米歇尔·肯尼迪（*Michelle Kennedy*）创立了"花生"（*Peanut*）小程序，旨在为母亲提供社交机会，无论是在家哺乳，渴望线上交流的母亲还是想在线下见面的母亲。推特，脸书私人群组和照片墙都让我能够更便利地与他人见面。（我的工作是面试人，从中得到的帮助也很大。）重要的是，不把"远程办公"曲解为"过度孤独"。科技让我们得以通过网络赚钱，但是，我们依然需要面对面的交流，也需要认识新朋友的机会。领先的博客软件"单词出版"（*WordPress*）的母公司"全自动"（*Automattic*）是第一批采取全员100%远程办公的企业之一。他们甚至不需要租借实体办公室，员工皆通过在线工具实现沟通。这么做有它的好处，但也会令员工产生孤独感，普遍来说，如果你花过多的时间独处，心里也会感到不自在。

自由职业作家摩根·叶尔金（*Morgan Jerkins*）在推特上写：

“周一到周五，如果我不和别人出门吃饭，我可能会和快递小哥或健身教练说一两句话。”当我开始在线教学时，我意识到了这一点。我张大嘴，“哇哦，上一次开口说话是什么时候？”我感激像摩根这样的人，他们在推特上诚实地分享自己努力实现工作和生活平衡的经历，帮助我们学习和成长。毕竟，对于大多数人来说，互联网就是我们的办公室。重要的是，我们有时候也会从线上转到线下。

如何在传统办公室空间之外保持社交能力

· 首先预定一份早餐，新的一天从与真人见面开始。

· 加入读书会，在固定，舒适，安全的空间里认识新朋友。

· 注册为在线票务交易服务平台“伊文布莱特”（Eventbrite）的会员，可以在上面选择感兴趣的主题，设置本地活动或交际机会提醒。

· 每周安排固定时间参加会议，与人们见面。避免一整天拿着咖啡四处奔波，这会导致无法专注于某个项目。记住，出行会耗费大量时间，在通勤时间段试着合理地安排时间。

· 忙完后，和其他斜杠人士一起小酌（基督徒聚会也可以）。

没有工作或没有工作的生活是完美的。以为有一套放之四海而皆准的方法是不现实的。任何人的生活方式都需要维护，需要激励，需要战胜沿途的困难。职业道路上，我们难免遭遇起起伏伏，但整体而言，自由和自制的益处绝对超过坏处。

第9章

重新认识职场人际关系

"科技改变了人们的交流方式，随之失去的，还有一些意外的运气。"

——克莱尔·格拉韦斯（*Claire Graves*）

获"互动界奥斯卡奖"的威比奖（*Webby*）董事总经理

要创造自己的职业，关键在于知道如何以适合自己的方式进行社交、建立朋友圈，这一点对于斜杠人士而言更是重要。不是每一个人都能在社交场合如鱼得水，边放声高歌边像爵士乐手一样挥舞着各种手势，事实上，在我认识的人中，没有一个人愿意在挂着名牌、举着温热葡萄酒的同时还能饶有兴趣地与人交谈。在这种矫揉造作的场合里，要一秒沉默很容易，但要保持真我就很难了。

然而，毋庸置疑，扩展人脉很重要。认识新朋友，保持网络曝光度意味着你有机会被看见，有潜力找到工作或获得加薪的机会。让人们把自己的脸和电子邮件地址匹配起来，并且与人面对面沟通十分重要。定期认识新朋友，跳出自己的朋友圈也很重要。这类似概率理论。最终你能得到工作/项目/合同的概率有多少？概率取决于你能有多大的动力走出户外，参加各类场合，拓展人脉，与他人建立联系。你见过的人越多，认识的人越多，就越有可能与这些人成为工作伙伴。这是个数字游戏。我不相信人天生就善于社交和建立人脉圈，只是一些人感到更加自在而已。

无论我们是不是真的热爱自己的工作，我们的工作和职业共同构成了个人身份。这是人们在问“你是谁”时最先需要知道的信息，即使这个问题并不是了解一个人的最佳开头。有一些问题稍微好些，是认识一个人的开场白。每一个问题都可以引导对方提及自己的全职工作，副业或休闲时喜欢做什么，但却避免了问出“你的工作是什么？”这个直白的问题。是的，我在推特上转发了这些问题。

不问“你的工作是什么？”，而是问：

- 当下什么最令你兴奋？
- 刚才你在忙什么？
- 你平时喜欢做什么？
- 我如何能看到你的工作成果？
- 为什么想来参加这个活动？
- 你最近最感兴趣的是什么？
- 最近，你有因为做了哪些事而感到自豪？
- 什么激发了你的热情？
- 喜欢靠什么来打发时间？

你认识谁不重要，重要的是谁认识你

终极目标自然是让人们认识你、了解你、了解你的工作。这不是“成为网红”的练习（网红当然不是目标），但是，有更多的人认识你（或你的公司）自然是件好事。你会出色地完成任务，好让一小部分人认识到你，他们或许会口耳相传，向他人介绍你和你的工作。在一个小镇里做生意也是同样的道理，每一个人都认识你。你想要人们识得店铺门口的招牌，介绍朋友来你的店铺或和你做生意。这就好比一个小镇上，街坊邻里相互熟悉信任一样，只不过把这套交际方式放到了互联网上。

拓展网络人脉的提示

· 过去，人们会用黑色笔记本记录他人的联络方式，现在，我们能利用的工具就多得多了。我们可以用谷歌表格记录联系人的姓名和公司，以便随时查询。推特名单则能帮我们更好地对有效联系人进行分类。

· 面对面熟悉后，立刻跟进，趁热打铁。

· 尽量不要使用“面包屑式”方法（间歇性地联系某人，以短信或通过社交媒体等手段，缠住对方不放）。不管有没有时间亲自见面，都保持坦率直接。当双方坦率地交流日常行程安排，而非浪费时间相互猜测时，事情就好办多了。

· 不要装熟，你还没进入对方的好友领地。

· 定期新增关注对象。找到关注的对象，想明白谁有可能对你的工作或公司感兴趣，然后找到喜爱的类似公司 / 网友，看看都是谁关注了他们。

· 保持开放心态。尝试新的应用程序（商业小程序，如与领英抗衡的“蜜蜂嗡嗡”（*Bumble Bizz*），但是，如果这些小程序没有帮助到你，就不要勉强使用了。如果它们能帮到你，那就太好了！多试试吧，找到最适合你的平台。

· 一个优质强大的社交网络并不看重认识多少人，网络粉丝多不代表你的人脉广。花时间培育微观社群，通过私人群组，邮件交谈或定期聚会小酌。

· 只选择真正相关的人士交往。社交活动的目标是让人们的生活更加轻松。提出对双方都有益的建议。每一件事都需要有明确的目标。

· 不要向不熟悉的人寻求帮助，如果有求于人，就要给予相应回报。

· 介绍人脉网中的朋友相互认识。随性而为，但是这两位朋友将记得牵线搭桥的是你。（也可以通过私下面对面介绍。）

为什么需要线下交际

“告诉你，你盯着手机的魔力小窗看的时间越长，你就离真实的内心越远。”

——希瑟·哈夫里列斯基（Heather Havrilesky）

时尚资讯网站“简约”（The Cut）“有话问波莉”（Ask Polly）专栏

社交带来海量机会，人脉关系和工作机会。当然，有时候，由于概率的原因，一封幸运邮件降临了你的收件箱，你的名字也会不断地出现在众人视野中。有时候，你会发现推特账号多了一个魔法“粉丝”，它们带来了海量的工作机会。但是，整体而言，推特、照片墙和领英上也充斥着无效社交、海量信息和后会无期的联系人。值得注意的是，虽然这些平台增加了机会，要结识经得起时间检验的人脉关系，我们不能全盘依赖它们。拓展真实可靠、长期有效的人脉网耗费时间，这并不需要制定时间表。想增加“数量”没有错，但是，这不是坐在卧室，点赞、评论和加粉就够了。这不是一个长远的职业策略。屏幕后的“社交”永远比不上真实生活中的交际。为了获得真正的社会关系，你必须走出户外，走进真实世界，与人面对面沟通。

我想驱散的最大迷思之一就是，人们以为打开笔记本电脑，展开推特列表，使用机器人、小程序和敲击几个键盘就可以了。这种想法并不可取，错上加错的想法是，你以为仅仅通过“点赞”或发布大量评论就可以与人们建立可靠的社交关系，这么做远远不够。任何一个公关人士都清楚，最重要的是让对方把你的脸和你的名字配对，或至少建立真实的私人联系，提出对方感兴趣的话题。那些你不认识却突然发邮件向你提出邀请的人是永远不会了解，为什么自己会竹篮打水一场空。我们的时间都已入不敷出，不可能再答应陌生人的要求。好工作建立在信任的基础上，我们应当与不太熟悉的人们建立真实生活中的关系。这一章提供了务实建议，也就是如何建立有效的、有助于提高生活和工作品质的社交关系。在构建社交网络这件事上，我不相信存在速效药。

真实社交中的为与不为

·为

友好。这一点被低估了。人们以为冷淡意味着强势和神秘，其实，这样只会将人们拒之门外，使人们不愿意靠近。

凯特·莫兰（*Caitlin Moran*）说，“下决心不断地发光发热，像街角温暖的路灯，吸引人们靠近你，感到快乐。”吸引人的总是那些让人感到愉快的，而非恐惧的人。

电梯演讲。总结自己的工作，不要长篇大论或过于简略。不要显得做作。态度要真诚。

当你提出问题后，真诚地聆听回答。不要眼神四处飘，望着不相干的人。《其实你也可以很有趣》（*How to Be Interesting*）的作者杰西卡·哈吉（*Jessica Hagy*）说，“如果你能让对方打开心扉，真实地表达自我，你就会留在他人的脑海里。”

主动组织活动。你依然会结识新朋友，但也能控制好时间，为晚上的计划做出安排。

选择一个乐意时刻在一起的好友。让 TA 成为你的后盾，别忘了帮助他 / 她作为回报。

随身携带简明清晰的商业名片。很多人以为名片已经被淘汰了，实则不然。人们仍然使用名片。即使只写着你的电子邮件地址，查看名片也比上网翻遍推特或其他记录更方便。回家后，我喜欢浏览所有得到的名片。(我的编辑说，有一次，她得到了一张名片，上面的头像是一个孩子骑在马上，看起来就像在发脾气。这说明名片还是管用的，因为她到现在还记得！)

追随本能。每一个人都在有意识和无意识地接收他人的能量。如果我们和某人无法相处，也没有关系。

·不为

不拖延谈话时间。无论是交流得不亦乐乎，还是话不投机，放心地离开。如果你想要礼貌地结束谈话，你可以把谈话对象介绍给别人，然后溜走，向对方索要名片或更详细的联系方式，这些都可以自然而然地结束对话，然后，你就可以出去小酌或吃顿饭了！

不要喝醉。你要告诫自己这点。

如果尚未决定要做，就不要事先允诺发邮件或联系对方。无论如何，索要名片。

即使情不自禁，也不可以直接推销自己。

你不是主角

社交媒体的本质在于让我们自由地与他人分享自己的生活。我们表达自己的时间比过去多了。运营小型媒体工作室离不开在线营销策略和对社交媒体规则的精通。然而，为了与人建立真正的关系，我们不可能靠随时随地大声喊叫来推销自己。瓦妮莎·范·爱德华兹（*Vanessa Van Edwards*）认为，社交场合有不同类型的人，独霸整场谈话，话题始终以自己为中心的人，她称为“自恋型对话者”。我敢打赌，你一定认识这样的人，他们绝不会给你留出一秒时间，即使在网上，也千万别做这样的人。

不要“手”是心非

在互联网上结识他人和关注他人可不一样。如今，恶意关注（*Hate-following*）就是个容易跌入的陷阱。照片墙账户、网页、推特消息推送、博客……不管出于任何原因，关注对象有可能激怒你，惹你心烦，你也无法不关注他人。或许我们会努力说服自己去和一个讨厌的人打交道。有时候，我们还没意识到，这就是恶意关注。或许你可以把这种行为解释为某种意义上的找乐子或自我教育，或者处于工作目的不得不这么做，但是，你要如何确定这对你好或不好？

短期内，一些恶意关注者或许是无害的，但是，他们会不断地渗透你的脑海，让你缺乏热情，丧失创意。是时候让我们自己做主，营造自己的网络空间，就像平时生活的我们一样。如果酒吧门口有人挥舞着匕首，我是肯定不会进去的。同样的道理，我又为什么要进入一个充满憎恨、布满恐怖图片的空间？每一天清晨，当我们打开笔记本电脑或解锁手机，我们就像系好安全带的游客，准备经历一场未知的旅程。即将看到什么，我们全然不知。我们心里没底。要保持良好精神健康状态，更好地掌控自己的人生，最佳方式就是恰到好处地定制信息，确保关注的每一个对象都是有所需、有所值的。给网络空间来一场大扫除吧。明确地了解你关注了谁，为什么要关注对方。或许你正在关注一些个性迥异的朋友，订阅了不止一个值得信任的新闻来源，也有一些关注对象与你的想法格格不入。无论你是在网上浪费时间、阅读毫无启发作用的信息，还是有目的地社交，都要控制好自己的阅读内容，记住：停止恶意关注。它简直是场互联网灾难。

加入社交网络后，时刻关注自己的感受。以 10 分为满分，给自己的情绪评分。如果想改善情绪，就想一想关注的账号，查一查哪些账号是隐藏的恶意关注。尝试更改关注对象或取消关注，过一段时间以后，观察自己的情绪是否有所改善。

如何找出恶意关注者?

· 每当想发泄负能量时，就会想去搜索这类人的主页。

· 看到他们发的照片时，虽然手指无意识地滑动他们的朋友圈，但已经忍不住翻白眼或心情低落。

· 真实生活中，恨不得这类人有多远走多远。

· 陷入“视而不见”的境地。

逃出幻境

真实社交之所以重要的另一个原因是，真实的沟通不需要算法。在线下活动中，我们与谁见面都不需刻意计算。在互联网上，偶然的相识并不常发生，因为在照片墙或社交小程序上，任何类型的“发现”功能实际上早已经过算法的分析，根据此前的点赞或关注记录为我们量身定制。素有“互动界的奥斯卡奖”称号的威比奖（*Webby*）董事总经理克莱尔·格拉韦斯（*Claire Graves*）说得对，“科技改变了人们的交流方式，随之失去的，还有一些意外的运气。”这不是揭露什么真相，而是每个人切身可感受到的，我们还没有轻易与之抗衡的武器。我们搜索或点击的每一个步骤都不是随机的，即使我们输入的是相同的关键字，我的搜索结果页面和你的依然不同。

2006 年，伊莱·帕里泽（*Eli Pariser*）在 TED 的演讲中提醒人们警惕互联网上的“过滤气泡”（*Filter Bubble*），他解释了人们的谷歌主页各不相同的原因，因为页面信息是根据个体的搜索痕迹量身定制的。这意味着我们很可能一叶障目，不知事件全貌。我们的搜索引擎和新闻推送全是广告和订阅信息，屏幕后的一系列算法正在决定着我们看到的内容。我们逃离禁锢自己的气泡，搜寻新鲜且令人兴奋的工作就显得尤为重要。在社交方面，这些过滤气泡缩小了我们的视野，我们可能不断地在原地打转，和同样的人兜圈。因此，我们迫切需要投入真实生活，逃离网上唾手可得的朋友圈，去认识新的朋友，开阔视野。重要的是，我们跳出了有局限性的网络空间泡沫，寻找更多的工作机会，让我们的斜杠生涯有更加多元化的收入渠道。在泡沫里止步不前意味着，当你想要辞职或变换工作时，你会发现，除了办公室内的同事之外，你一个人也不认识。斜杠人士的工作流量取决于社交网络有多牢固，人脉有多真实。

戳破“气泡”的六种方式

1. 平衡好阅读内容，定制不同类型的信息来源，即使一些媒体的观点你并不赞同。使用类似 *AllSides.com* 这样的新闻网站，它汇集了多个新闻媒体对同一新闻话题的新闻报道，帮助读者以客观中立的角度来了解不同新闻。

2. 订阅新闻通讯，包括文章总数，你就可以阅读到别人的类似经历，了解别人是如何认识自己。

3. “跌跌撞撞”（*StumbleUpon*）这类社交化网页推荐引擎就很有意思，我们能设置自己感兴趣的网站类别，浏览各个领域的新鲜事，撞见意外的灵感来源。

4. 注意，算法会隐藏你最喜欢的社交媒体人物，记得设置名单以便日后核对。

5. 约来自不同行业的朋友一道参加活动。你有没有工作领域完全不同的朋友？到他们的公司做客，也邀请他们到自己的公司做客。这或许是一个认识新朋友，介绍自己工作的好方法。

6. 晚餐俱乐部是认识本地新朋友的好场合。吃晚餐时，人们倾向于真心对话，对我而言，觥筹交错是结识真正关系的最佳方式。我喜欢在饭桌上结识新朋友。

如何把网络好友变成真实的社交支持人脉

社交不是为了遇见一个人，然后人生从此不同。社交意味着在人生的每一个阶段，都会结识不同的人。更不是像艾玛·斯通（*Emma Stone*）在《爱乐之城》里的排队里唱《人潮中的某人》（*Someone in the Crowd*）一样。社交需要漫长的时间，结识大量的新朋友，深耕朋友圈，同时给予回报，为他人的成就感到喜悦，并在新进入的行业内培育值得信任的友谊。安·弗里德曼（*Ann Friedman*）发明了一个词“侧拍马屁”（*kissing sideways*），以此对应美式的“拍马屁”（*kissing up*），后者指的是对某人拍马屁。她认为，“大部分时候，幻想有一个事业有成，家喻户晓的朋友是不现实的。‘侧拍马屁’概念指的是把同事和支持人脉组合在一起，而不是专门找一个人，期待对方能带一群人脉给你……在我参加的那些令人愉悦的社交聚会中，我从没遇到过一个贵人。”所以，拓展人脉是斜杠人士的必备技能，你需要建立良好的个人品牌，但是，如果你没有任何贵人，再良好的个人品牌也无济于事。

如何维持人脉

· 建立群组，把网络上结识的人群按类别拉进群组。把群组作为增进了解的方式，群组是一个不带任何偏见的空间，人们可以畅所欲言地讨论薪酬，项目和目标。

· 向成员提出问题，共享机会，邀请对方向自己提问。即使你们见不到彼此，依然可以通过这类社交程序维持互惠互利的关系。

· 出现工作机会时，优先告诉社交网中的成员，让他们优先选择。

· 永远保持人脉圈的开放性，始终欢迎新成员的加入，不搞小圈子。

· 扩大网络朋友圈。利用好“星期五的主题是加粉”（*Follow Friday*）这一推特上的热门活动，在社交媒体上 @ 你欣赏的好友。

· 为每一次线下会面制定务实的目标，可以考虑每月举行一次的聚会。

· 好的工作机会并非完全来源于工作场合。加入读书会或者参加社会活动，不仅有趣，也可以结识人脉。

· 确保线下聚会成功。不要预订一家距离太远的咖啡馆用午餐，否则一旦聚会成果不尽如人意，你会恨不得打断自己的腿。始终保持开放心态，选择合适的时间约定聚会，这样即便聚会了无成果，你也不会怨天尤人。

追求心有灵犀的“我懂你”

我发自内心地相信，自己目前所取得的成功，主要源于快速结交他人和自我推销的能力。我的播客节目邀请过众多知名大咖，他们为什么愿意来我的节目？记得有一次，我联系塞斯·戈丁（*Seth Godin*）（美国最伟大的推销员之一），当时，我知道自己需要用最短的时间干净利落地直击要害，因此，我告诉他：a）凭什么我的节目是优选；b）介绍我是谁；c）准确地引导预期。

我心里明白，提出需求必须出奇制胜，所以，我不是简单罗列自己和节目的优势，而是精简文字，挑选出舍我其谁的优势和个人魅力，如果我是塞斯，就一定会答应这位不知名人士发来的邀请。我是这么说服他的，因为我的播客的主要听众是年龄介于 20–30 岁之间的青年女性，而这部分人群正是他的观众群所缺失的。我必须一击即中，不然他何苦来呢？我想，如果设身处地，站在对方的立场考虑效果更好。如果你是他们，哪些好处能够打动你？在你发出的邀约中，这一点必须明确无误地展示，并且具有可信度。

塞斯根本不知道我是谁，对他而言，我不过是茫茫人海中的一员，他从来没听说过我。但是，后来他告诉我，只要打开谷歌，轻点两次鼠标，他就知道我是做什么的，我是谁，于是，他欣然接受了。我的策略之所以奏效，谷歌也从旁助攻了，原因是，谷歌展示了我在个人品牌上的延续性。延续性十分重要。延续性不是指保持几百万的粉丝数量，而是明确自己的目标和已经取得的成绩。关键是，公开展示的个人相关信息反映了你的追求以及你是一个什么样的人。

吸引人脉，保持存在感的 9 种方式

良好声誉对于职场生涯至关重要，如今，大部分人把一天当中的绝大部分时间用于上网，当人们在谷歌搜索栏中输入我们的名字，第一眼看到的页面信息就十分重要。当然，人非圣贤孰能无过，我们不可避免地犯小错误，或是写了些后悔莫及的话。人们要挖出 10 年前的旧帖可不是什么难事。培养网络空间的意义在于，你能很好地掌控自己的个人空间信息以及对外传达的形象。以下是一些经验：

1. 切勿鲁莽发帖，避免争议内容

如果想参与网络辩论，谨记自己在网络上留下的每一步痕迹。有个人的观点不错（当然！），但是，要迅速地自问：我真的想要这条信息永远地留在网络空间吗？如果我删除了这些评论，人们对我的观感会不会变得负面？即使删除了，从技术上说，还是可以“重见天日”的。别忘了，网页是会截屏的。既然生活在一个沟通速度以秒计算的时代，静下心来，想一想自己的想法是否

与留言意图一致，如果能起身离开电脑，思考片刻再发帖再好不过了。有时候，看到网络上的一些评论后，我会发怒，但我会在期刊中写下自己的思考。这样感觉更好，因为白纸黑字上的文字更加冷静，之后我会在这个基础上发帖，我不会无故地让喋喋不休的争论把自己裹挟。毕竟，冲动是魔鬼，只会把自己逼入绝境。

2. 三思而后“敲”（不依赖自动更正！）

老调重弹，在这个沟通交流一日千里的时代，我们一心多用，乱枪打鸟，我个人喜欢像 “语法助手”（*Grammarly*）这样的语法检查应用，它可以自动纠正邮件中的语法错误。我们都有过自动校正的噩梦，但还不到天塌下来的地步。但是，有一些方面是需要有正确的方式。发送邮件前确认格式，检查公开发表的信息至关重要。一旦发生错误，可能永远难以东山再起。尽管我们生活在一个由 *emoji* 表情构造的信息世界里，但还是要再三确认，确保信息可以公开。

3. 制定内容目录

吾之蜜糖，彼之砒霜。我们不能东施效颦，每一个人都需要花时间找到自己的表达之道。

- 喜欢短视频吗？ – 照片墙
- 喜欢短句吗？ – 推特
- 擅长原创设计吗？ – 品趣志
- 想要以最小的曝光量获得最大的影响力吗？

– 制作静态页面（一些网页的设计十分简洁，只展示最基础的信息，反而引人入胜，想一探究竟。）

选择一个能够助力自己的平台，展示自己的成果，不要选择 8 个不同的社交媒体程序打游击战，这样不过是浪费时间，也稀释了你发布的信息的有效性。

4. 自我推销，注重平衡

自我推销，分享工作经验，目的始终不外乎是为了获得更多工作机会。一定要记住这一点，分享工作经验是有目的的，而不仅仅是出于一时兴起。自我推销是一种策略，也需要设定目标。这也会打消人们的疑虑：这个人不是在炫耀吧？如果分享处于某种目的（你引以为傲，想要吸引未来的客户，或者告诉他人，你已经和业内有志之士有过合作经验），那么，你所发布的内容就始终有条理，也很真实。

5. 花钱提升视觉效果

视觉效果至关重要，如果在线搜索会将人们引向你的主页，他们会根据自己看到的你来考虑要不要和你合作。语言重要，但视觉形象的重要性不逊色于言语。投资网页设计，注重色彩搭配，精心设计个人照片，提升网页可用性。视觉品牌应该是最重要的。你可以在工作上表现优秀，但是，如果用的是老气的页面，那么，人们第一眼打开你的个人主页时，就会立刻逃之夭夭了。我一向在视觉效果上不心疼花钱，因为我知道，一旦击中工作机会，这些投资最终都会赚回来的。

6. 注册得体的邮箱地址

试想，如果你刚认识了一个人，在接过对方的名片时，发现对方邮箱地址上的网名是“毛茸茸的小鸡 69”（*FluffyChicken69@hotmail.com*），那么，你也会百思不得其解吧？理想的状态是，设置一个自己的专属域名。

7. 检查个人主页，保护隐私

把个人的公共页面和私人页面分开已经是一条准则了，这样一来，你就可以更好地控制好公开发表的内容以及朋友和家人能看到的内容（对每一个人而言，这都是好的策略，而不仅仅是明星们需要私人照片墙账号）。你的公开页面有明确的定位，你可以在上面添加个性化内容。即使你想要把工作和生活融为一体，在互联网上有一个专属于自己的空间也是不错的选择。

8. 维持美观的谷歌首页

你是否知道，每当使用谷歌浏览器打开匿名窗口时，你就可以在未登录的情况下，看到自己的搜索页面？你可以时刻关注页面的形象，还有自己的其他社交平台对页面的流量引导，了解别人眼里的自己是件好事。花些时间设计美观的公关信息，介绍自己的业务，以便他人在搜索时能够发现你。如果声誉良好的在线主流杂志曾提到过你的姓名或业务，那么，谷歌搜索结果首页出现这些报道的概率就越大，你给人的第一印象就越好。毕竟，75% 的谷歌搜索用户从来不会翻下一页。

确保个人主页的存在感，使用关键词，保持连续性，设计美观的页面。明确目标和个人品牌的预期效果是第一步。如果你连自己想要表达什么都不清楚，那么，再好的设计也没有用。注意自己想要用什么样的图片作为“谷歌图片”搜索出的第一个结果。［这一部分也提醒了我，有一款名为“炫酷宝贝名”（*Awesome Baby Name*）的在线工具，在这个网站上，新父母可以为自己的孩子挑选名字，而网站提供的搜索功能就是基于有效域名和使用了搜索引擎优化功能的网站。不寒而栗。］

9. 浏览网页时，记下吸引注意力的信息

从业务经营的角度而言，对自己在网络上的形象进行微调的灵感，通常来源于网购时对页面的浏览，或漫不经心的随性浏览，在这个过程中，我会记下吸引我的信息，例如简介的信息，一个图标的配色我很喜欢，或一个新的网页设置，或一则短视频，我会记录下众多新闻推送中令我印象最深刻的内容。并不是说我直接抄袭，我只是把自己放在一个内容受众的位置，观察哪些内容能吸引我。大多数公司都会搜索竞争对手的信息，你也不例外。你也是自己的观众。

第10章

我们与金钱的关系

“大多数百万富翁有 7 种收入来源渠道。”

——马诺耶 · 阿罗拉（*Manoj Arora*）

商业作家

加比·达姆（*Gaby Dunn*）的播客节目《不擅谈钱》（*Bad With Money*）中，她向嘉宾提出了两个问题。

1. 你最喜欢用哪种体位？
2. 你的银行账户有多少存款？

被问到第一个问题时，嘉宾通常面露尴尬（通常来说，嘉宾还是比较开放的），但是，第二个问题换来的却是沉默。你更愿意回答哪一个问题？尽管回答见仁见智，但和第一个问题相比，回答第二个问题会更让我感觉自己赤裸裸地被一览无余。

我是一个不擅谈钱的人，直到现在，也还不习惯谈钱。有时候，如果感到压力山大或情绪失控，我会立刻恢复到老样子。互联网给了我很多帮助，让我得以克服错误的选择思路，避免重蹈覆辙。《财务早餐》（*The Financial Diet*）网站上有许多人们分享的真实经验和务实建议。最近，我学到了一个新词：财务健康，以及什么样的人才算是“有财务知识”。金钱是一门语言，需要不断练习才能掌握。播客和社交媒体的开放性让我们有更多的机会讨论自己的精神和身体状况，我想，公开讨论自己的财务状况应该是最后的禁忌了。

人与金钱的关系始终以各种不同的方式影响着我们：可以让友谊的小船说翻就翻，可以让人们彻夜未眠，压力会带来不适感，打击干事的热情，突发情况也会出其不意地给我们迎头一击。缺少金钱会引发担忧，过度思考的后果就将让人与人之间的关系节外生枝。坦诚自己的财务状况并不是要求你主动告诉别人自己的薪水，或者被问到薪水时开开心心地回答。这依然属于个人隐私。但是，对于自己内心面临的挣扎、未来的储蓄计划和面临的阻碍，我们却可以坦诚说出口，通过这样的方式，我们希望能够获得他人的理解和体谅。试着加把劲吧，更多地讨论关于金钱的话题，这有助于我们直面恐惧，解决具体的财务难题。

一本关于斜杠人士的书不可能不提及钱的话题。钱是重中之重，当你有了多个项目后，毫无疑问，酬劳第一。当然， 通过身兼多职，你可以做好规划，确保斜杠人生的每一个月都能获得收入，显而易见的是，这个过程还是和单一收入来源者略有不同。当你开始给自己打工时，你需要时刻关注各种收入来源的动向，了解最主要的收入来源是什么。这么做的好处是，你可以为自己制定出一个规划，保证每个月从各个收入渠道都能获得稳定的经济来源，而不是只在每月的最后一个周五收到一笔工资。

现在，我后悔没有在上学时多学学理财知识。税、增值税、制定预算……这些概念都是在后来的生活中经历一番艰苦才学习到的。当时我想，学生贷款是免费的，所以浪费了这笔钱，把它花在了无聊的事情上。透支成了我的消费常态，导致我每个月入不敷出，拆东墙补西墙。我到现在还记得，自己曾经透支未来的钱去阿姆斯特丹旅游。我的母亲警告我，有可能受到银行的警告信，因为我透支的频率实在太高了。我马上哭了，为什么我这么不负责任？为什么我要在明知负担不起的情况下依然选择出国度假？这就好像你正在节食，到最后却还是把自己吃撑了。我下定决心省钱，结果却花了更多，因为我感觉自己好没用，或是变成了错失恐惧症（*FOMO：Fear of Missing Out*），不刷完朋友圈不罢休，陷入恶性循环的劫数。这些都是一想起就冒冷汗的经历。许多人都会同意，身负债务总是一件难堪的事，这就好像一个见不得人的秘密。当银行授予人们借贷额度后，债务就会开始累积，我想改变这一切，也想找到志同道合的伙伴。有人聊一聊总是好的。

有备无患

在工作上，我们总是熬夜，利用周末，拼尽全力想给他人留下好印象，想表现得更好，希望公司可以因此而特别重视我们，离不开我们。企业偶尔会亲热地把员工称为伙伴或成员，让员工有认同感，事实上，这不过都是生意，如果对企业的成功有利可图，你是随刻都可以被炒鱿鱼的。生意永远第一。在大型企业中，你或许会有认同感，但是，细细想来，在商业决策中，感情并不是最重要的因素。

或许也正是因为这种不安全感下意识地潜入我的脑海，我开始认识，我们现在生活着的世界比过去更加动荡不安了。很明显，有副业或其他技能不仅是为了好玩，它们更是立身之本。曾经，企业会圈住你、束缚你、给你薪水支付孩子的教育费用，也发放一些实物福利，让你觉得值得一辈子在这里干下去。今日不同于往昔。巨变正在发生，在身处其中之前，无人能预见，这一切都要看企业会发生多大的变革。剧变发生时，大型企业往往处于弱势，为了削减间接成本，通常员工就会成为牺牲品。许多企业对未来的挑战缺乏足够的应对能力，它们过于消极，而不是积极应对。我们需要好好工作，但也需要知道，必须付出的敬业程度和以往不同了。我们总是付出同等量的奉献，但是，老板却可以轻易地调整岗位、裁员。过去，冗员并不常见，也显得稀奇，可是现在，这个问题无时无刻不凸显。这也是为什么，我们要实现收入来源多样化的原因。如果你的岗位或公司发生了变动，你还有条退路。你需要利用好手里的工具，增加技能。

打造自己的缓冲地带越来越重要，尤其对于斜杠人士而言，因为斜杠人士缺乏传统养老体系的支持。下一个月的生活状况可以和这一个月截然不同。这个月，你或许风光无限、四处捞金，各种项目的酬劳持续进账或是销售机会和大量订单目不暇接。你也有可能经历连续几个月的颗粒无收，因此，如何管理资金、分散资金很重要。

自雇职业者的存钱三宝

1. 永远记得存一部分钱用于支付个人所得税。把这笔钱存入储蓄账户（我把这笔钱分为两均等份，其中一份存入另外的账户，双保险！）

2. 计算哪一种业务支出是可以节省的。登录政府网站查询具体信息。

3. 雇佣一名会计，可以省不少心！

为什么不敢谈钱？

艾丽银行（*Ally Bank*）的问卷结果表明，10 个人里有 7 个人会认为，在社交场合谈论个人财务状况是粗鲁或不合适的。在最近的一次工作场合中，有个人径直向我走来，问我赚多少钱。我吓了一跳，但不是因为这个问题，而是因为对方问得直截了当，让我毫无防备。在此之前，没有人如此公开地问过我这个问题。结果，我给了一个相当宽泛的回答，解释自己的工资每个月都不一样，没有提供太多细节，事实也是如此。这次经历让我反思，为什么当时自己会感到无所适从。毋庸置疑，如果我愿意诚实地谈论钱，我就不应该觉得这个问题冒犯了我。那么，为什么在谈论具体数额的时候，我们会觉得尴尬？我在推特上问自己的群组，如果他们也突然被问到工资，他们会有什么反应？我收到了 200

多份回答。

记者苏菲·希伍德（*Sophie Heawood*）认为："我会原地石化。从人类学的角度而言，不同文化之间的差别很大。但在我的文化中，这很粗鲁。"音乐评论家米兰达·索耶（*Miranda Sawyer*）的回答是："我认为这取决于提问的人。如果是一个比我年轻的记者，我就会愿意说出自己的工资和收费标准。"希伍德也表示同意："如果是一个有抱负的青年向我请教具体的收费比例和收费方式，而不是随便问问总收入，我一定会告诉他。"米兰达一语中的："对于生活在资本主义社会的人来说，钱是个奇怪的话题，当你谈论它时，更多的是在暗示个人/情绪/社会价值，而不仅仅是单纯的财务话题。"我们想要帮助他人，但由于钱涉及太多情感，说出口就容易让我们有挫败感和无力感。

"油管"上最具影响力的英国网红佐伊·萨格（*Zoe Sugg*）写道："这还得看谁问的以及为什么问。如果一位同行的朋友忙得团团转，我会根据自己的赚钱经验，告诉他们有可能领到多少酬劳。但总体而言，我觉得永远不存在谈钱的必要，大多数时候，不过是很多人爱管闲事！"

卡林娜·布里斯比（*Karina Brisby*）说："我搬到英国后才发现，澳洲文化中，人们在讨论金钱方面态度更加开放。"作家基兰·耶茨（*Kieran Yates*）说："我没法代表所有人，但是，在南亚文化圈内，被问工资多少是预料之中的事。"所以，为什么在英国就变得古怪了？

贝卡·DP（*Becca DP*）说："过去，人们总是告诉我，'不要和团队其他成员分享工资'，这种问题听起来很猥琐。”我自己也有亲身经历。有一次，我谈成了一份不错的薪水，人们告诫我不要告诉别人，这样会招致怨恨。

路易莎·萨乌马（*Luiza Sauma*）说：“‘粗鲁’这一概念就是那些有意隐瞒财产的人灌输的。薪酬保密导致工资不平等。”

人们见仁见智。一些人吓得手足无措，一些人则指出薪水透明能让人们少吃亏。我的一位女性朋友曾在偶然间看到了女性同事的工资，尽管两人的岗位处于同一层级，工资却相差甚远。她顿时心烦意乱。得知自己的工资不如他人是一件极其令人焦虑忧心的事。当你不了解别人的收入时，你是很难为自己争取加薪的。这也是为什么在社交场合，讨论工资让人觉得尴尬或紧张，因为没有人想知道自己其实赚得比别人少。即使我发誓自己真心认为钱的多寡不能和“成功”画等号（我有过存款微不足道却成就感满满的真实经历），毫无疑问，努力付出得到回报令人欣喜。收到巨额汇款后给对方开收据那一刻的感觉棒极了！钱带来自由。钱让你产生自我价值感。也说明了你的工作对于某些人而言是足够重要的，因此他们愿意出钱投资。另一方面，我们认为金钱不等同于成功，这也是值得我们严肃看待的话题。

告诉别人自己赚了大钱也是一个玄妙的话题，效果如何取决于说话人的语调。最近，照片墙上的一名摄影师兼在线顾问说，她通过在线工作在一年内赚了 20 万英镑，工作地点就在坐落于乡村中心位置的厨房餐桌边。她经营着一份在线课程业务，提供关于数据业务方面的咨询。她的表达方式就不会让人感到是在炫耀或傲慢，而让人感受到真诚和励志，因为，有这么一个本地人能够在一个蓬勃发展的细分行业中主动地挖掘出工作机会，这说明了一个道理，有些不被看好的新兴工作反倒会成为赚到高薪的机会。

要钱时，开诚布公更有益

当你成为一名斜杠人士时，有一个可以依赖的团体是很重要的。你可以比较薪酬，寻求建议。你可以知道自己的酬劳是否大致符合行情，或者别人有过哪些加薪的经验，为什么能够加薪。这说明，如果你没空接某个任务，你可以把机会提供给关系网的成员，他人也会把机会推介给你。当你和他人分享机会，而不是选择独自行动、舍不得推荐工作机会时，你也会得到丰厚的回馈。

同样的，你在要求提高酬劳时，也将有更强烈的自信。由于了解了业内行情，你在要求获得应得酬劳时，也会更加理直气壮。

辛迪·盖洛普（*Cindy Gallop*）曾经建议从事自雇职业或刚踏上新岗位的女性，如果不确定开口要多少酬劳，该怎么办。我始终记得她的话：“你应该要求获得能想到的最高酬劳，而且不能笑场。”大多数人试着压低你的薪酬，那么，你就应该尽量提价。

酬劳谈判的 3 个提示

1. 请客户先提出一个价格，然后给出你的抽成比例，因为他们的预算或许比你开出的高。

2. 提出高要求，看看是否有回旋的空间（高要求一向是值得的！），看一看你能为自己的服务带来哪些额外的惊喜。

3. 不要相信下一次再给更高酬劳的承诺。可能永远没有下一次，你将战败出局。

赚钱，我为什么不走寻常路

商业作家马诺耶·阿罗拉（*Manoj Arora*）说："大多数百万富翁有 7 种收入来源渠道。"对裁员的恐惧（无数朋友有过亲身经历）意味着，我必须在力所能及的范围之内，尽量开创收入渠道。一些朋友们已经开始这么做了，他们越过大西洋去了美国，通过博客、在线工作网站或网络市集、播客、内容和服务等一切可以利用互联网实现的工作赚钱。我承认，相较于坐在一家公司，在一个固定地点办公，我有能力兼顾多项任务，获得多种渠道的收入，这也一直是我所向往的。我常常在一周之内处理 4 项任务，收入也是原来的 4 倍。这也符合我的个性。我没有耐心，工作速度快，要是只让我做一份工作，我很容易就厌倦了。兼顾多种项目正合我意。我喜欢全身心投入一个项目，发挥最佳实力，在完成后，开心地开始下一份项目。在我的办公室，我学习到如何兼顾各种不同的任务，这一直都是职业角色不可分割的一部分，这也是我的训练营。因此，我很好奇，如果我可以更明智地利用时间，利用互联网承担多项工作，不浪费通勤时间或在文山会海中消耗时间，那会有多好呢？

但是，在线赚钱有许多方式。我们需要创建自己的生态系统，维持多种收入来源，让数个轮子常态化运转。比方说，我告诉一个朋友，有许多人在网络上销售我的咨询建议。她说，“你应该设立亚马逊联盟（*Amazon Associates*）账户，每当有人通过分享链接购买你的书时，你就可以获得一定比例的报酬。”这是事例之一，我们可以选择赚钱的方法超出想象。

斯塔林银行（*Starling Bank*）的博客是很好的学习园地，可以从上面了解人们如何通过兼职赚钱。银行采访了各种兼职人士，问他们如何平衡各项工作，金钱管理中遇到的最大困难是什么。例如，科德什饰品（*Kodes Accessories*）的所有人莫里纳·菲奥雷-科比（*Morena Fiore-Kirby*）说：“投资新材料，新尝试总是令人兴奋。我是个手工业者，脑海中始终不断有新想法跳跃出来，做自己的老板意味着我可以为自己批准任何预算。脚踏实地，全心关注必要可行的方法是个挑战。”批准自己的预算，追踪一切花费是众多挑战之中的两项。在追踪支出方面，一些在线工具和程序可以帮不少忙。包括“不挥霍”（*Unsplurge*），这是苹果系统支持的预算程序，它能帮助我们节约开支，存下足够的钱用于购买自己喜爱或向往的事物，“清晰的钱”（Clarity Money）则能帮你记录详细的开支，提醒你取消一些不必要的开支。

在线挣钱还有许多不同的方法，这是斜杠职业的必备武器。以下是一些主要的工具。

利用副业挣钱的七种方式

1. 通过类似电商平台销售自己的产品（无论是什么产品），如“购物”（*Shopify*）。

2. 选择一位年度赞助者，尤其要针对长期合作项目寻求稳定的企业投资，而不是碎片化的合作。

3. 利用“利布斯”（*Libsyn*）、“阿卡斯特”（*Acast*）和“豆荚”（*Podbean*）等平台变现播客节目流量。

4. 创建一份客户通讯录，据此与其他企业联系合作。

5. 销售在线书籍或在开展线研讨会。

6. 在社交媒体上发布相关链接（例如亚马逊联盟），通过你发布的链接购买成功，你就可以获得返现。

7. 利用“募资网”（*Kickstarter*），“活力伊迪”（*Indiegogo*）或 “无国界”（*Unbound*）等众筹平台。

赚钱，人各有志

《精简》的知心姐姐专栏名叫“金钱妈妈”（*Money Mom*），这个专栏致力于帮助人们解决金钱问题。一些人写信问，为什么自己的钱总是不够花。金钱妈妈的回复是："多少钱才算'够'？"当然，这是个见仁见智的问题，对大多数人而言，这涉及对一个人独立生活能力的评价。"事实的确如此。就拿我和我的朋友来说，"够"这个字所指代的数字就截然不同。时尚网站"精致 29"的特色板块《金钱日记》（*Money Diaries*）记录了网友们赚钱和花钱的真实个人经历，涉及的金钱数额各不相同。"金钱妈妈"遇到的问题让我反思：我想赚多少钱？多少钱才算是足够？因为我的答案肯定与你的不同，你的回答也永远不可能与我一模一样，我们和朋友的回答也不同，甚至家庭成员也各有各的理解。"够"是一个私人化的形容，我们应该深挖它的含义，明确赚钱目标。

这并不是说，我们只要蹲下来沉思自己的"够"是不是应该低于自己应得或梦想的那个数字。我还记得和移动应用程序"斯塔林银行"的首席执行官安妮·博登（*Anne Boden*）聊天时谈到这个问题，她说，自己曾经提出加薪的要求，对方的回复是："你的薪水对你来说已经够了。""对你来说已经够了"是什么意思？因为她是女性吗？还是因为她的背景？还是因为她的出身？她的年龄？这句话到底是什么意思？"够"的使用者应该设身处地地考虑我们的情况。之所以要明确自己想赚多少钱目标不是为了高枕无忧，而是为了确定自己需要把这笔钱拿来做什么，以及思考未来有可能遇到的阻碍。记住这个目标，我们就不会陷入与他人攀比的泥沼。

为了明白多少才算够，我们需要明确地知道自己每个月的基本生活开支，这样，我们才能够更有效率地制定未来的计划。明白自己每个月需要多少钱，你也就清楚自己需要有多少银行存款，你就可以给自己放一个假、花一个月的时间找一份新的兼职或学习一门课程。对赚钱目标心中有数应该是理财的重中之重，你将会更清楚，当自己赚到目标钱数后，还剩多少钱可以存入银行。多种收入来源渠道能提高你的赚钱效率，由于每一个月的收入都不一样，你也有可能提前走上职业巅峰。

你觉得钱有多重要?

· 高薪是你的主要动力吗？

· 什么事最让你开心？

· 除去物质收入以外，哪些事让你最开心？

· 打消一个购买念头最快要多久？

· 需要多少钱，才能在每一个月都过上自己想过的生活？

做个简约的预算跟踪器

在决定成为斜杠人士之前，我有一份全职工作，我会精确地计算每个月的所需花费。因此，我会把每一个月的结余存起来（当时已经决定辞职，因此需要未雨绸缪），同时，我也很清楚，成为自雇人士后，每一个月需要赚到的目标金额。

· 计算不同项目的收入总和 = 收入（任何兼职收入分类为：

收入 2,3,4 等）

· 列一份清单，记录每一个月的重复性开支。

· 把这些开支归类（电器，交通，保险，还款），计算每一个月的支出总额。

· 计算余额 ≒ 总收入 – 总支出。这就是你每个月需要的钱。

· 偶尔会有结余，记得把钱存起来。

一开始，这看起来艰难。你选择了一条新路，更自由，更有创造性。你开始收获来自不同渠道的丰厚收入，但在过渡期，有一小段时间内，你会感觉自己在经济上倒退了。

创造缓冲空间

对我而言，“养老金”这个词很陌生，因为我换工作的次数实在太多了，导致账户金额不断变动，早已经忘记曾经存了多少钱，我想只有长久地待在同一家公司，养老账户里的数字才能核对得上。虽然这有助于鼓励人们维持一份稳定的工作，但我还是很清楚，自己不会在这家公司工作太久。我曾读到过一个建议，如果想要在退休后获得 3 万英镑的年退休金，在接下来的 40 年，你需要每个月存入 800 英镑。这个数字实在是遥不可及，看起来是个不可能的任务。谁能在每个月轻轻松松地入账 800 英镑？因此，我决定用“缓冲”一词代替“养老金”，接着开始承接不同的项目，为自己的未来创造缓冲空间。

《金融时报》的一篇文章称，“只有 16% 的调查对象知道需要存多少钱以便在退休后过上平均水平的生活。”

民调机构尤格夫（*YouGov*）发布的这项名为《缩短年轻人养老金差距》（*Bridging the Young Adults Pension Gap*）的报告显示，年龄介于 18–34 岁的人群中，40% 的人称自己没有任何养老存款，27% 的人称自己并不了解养老金体系。

一家名为 “枯燥理财”（*Boring Money*） 的调研公司称：“年龄介于 25 岁到 34 岁的人群是‘叛逆租房客’（*Rebellious Renters*），每 3 个人中有 2 个人的现金存款和投资不足一万英镑；5 个人中有 1 个人没有现金。不到一半（48%）的‘叛逆租房客’有固定工作或养老金，71% 的年轻人拥有房产。”

很明显，养老金体系已经过时，人们需要更加坦诚地讨论其他的养老方案。如果更多的人选择斜杠生活方式，我们就需要着手开始存钱，为未来存下一口粮，这是另外一种选择。

我们看待储蓄的态度正在改变，或许出生年代也决定了一个人的态度。由于经济衰退和房地产危机，千禧一代对金钱的态度和父辈不同。千禧一代中，三分之二的人正在努力偿还学生贷款和信用卡债务（与父辈不同）。我们债务累累，我们和金钱的关系已经不单纯了。人们总是认为，谈退休和存钱为时过早，但是，越早意识到金钱的重要性，未来就越可期待。终将有一天，我们所有人都想（或需要）停止工作。

人们需要改变关于未来和金钱的讨论重点，过时的养老体系已经不适用于每一代人了，因此，赚钱、存钱的方式也需要改变。各个行业的自雇职业者数量不断上升，未来，人们讨论养老金的次数会比现在更为频繁。

停止攀比银行存款

在生活艰辛的那一段日子里，我心情低落，总爱胡思乱想，猜测别人赚了多少钱（根据别人的照片墙动态猜个大概的数字）。即使在我的成就感清单上，我并没有把金钱排在第一位，我还是忍不住偶尔评价、猜测朋友和陌生人在线上和线下分别赚到了多少钱。但现实是，我根本不知道别人赚了多少，或者银行账户里的真实存款。作家凯瑟琳·奥默罗德（*Katherine Ormerod*）的个人主页取名为“工作，工作，工作”（*Work Work Work*），她写了一篇名为《“金钱”背后的人艰不拆》（*Money's Too Tight To Mention*）的文章，她承认自己在照片墙上发布的内容和银行账户里的真实情况往往有出入：“我的生活或照片墙上的一切都不是免费午餐，大多数情况下都是如此，这些照片极大地歪曲了真实的财务状况。”

我采访过知名人士和网红人士，他们拥有大量粉丝，但是，他们没有多少存款，收入微薄的他们也掌握了存钱的艺术。我想，关于金钱的讨论还是个神秘和禁忌，因为大企业不想要我们公开讨论收入。这能确保让我们闭口不言，身处弱势，难以起身反抗。我们知道，做个办公室里的透明人会引来纠纷、尴尬，也会让公司增加开支，以确保同一个岗位的职员收入相等。我们可以猜测，在未来，收入差距的秘密将会真相大白，就像英国广播公司的男女播音员薪酬差距曝光一样。

在一个理想的世界里，我们的财务状况没有秘密，因为没什么好隐瞒的。在斜杠人士的世界里，人们针对具体项目商量酬劳，因此，相较于领取固定收入的职场人士，保持收入的透明性更加容易。我会对斜杠人士朋友们坦陈自己的首个薪资，我知道自己每一小时工作的价值。我们彼此比较，讨论收费比例。为自己的时间开价让我感觉自己的话语权增强了（而不是接受对方任意的报价）。这也让讨论酬劳更加容易了。对我而言，金钱不是秘密。我一直把薪水认为个人秘密。在以前的工作中，每当我为加薪讨价还价后，我不会告诉任何人薪水涨到了多少，因为那些更加安静的同事们从不过问。而如今，我的工作是基于每一个项目，频繁变换，我感觉自己更有掌控权了，可以更加公开地谈论酬劳、分享财务成功经验，不用担心他人的眼光。

结束语（你本来就很优秀）

祝贺你，终于阅读到了最后一章！我希望此刻的你已经倍感振奋，跃跃欲试，迫不及待地张开斜杠翅膀，列出笔记和行动计划，丰富自己的工作任务组合。在大多数谈论业务或职场的书籍中，作者都会给出皆大欢喜的结论。一切松散的结尾都免不了以“结束语”作为标题，接着，你合上书，继续自己的生活。或许有些书还会做出预测，告诉你终将有那么一天，这些预测都会成真。

但是，这本书的要领就是，未来的职场上，不存在板上钉钉的事。变化无时无刻不在发生，我们无法精确地说出职场未来会发生什么样的变化，或者，自己的未来会是什么样的。但是，我们可以保护自己，增加自己对自己命运的话语权。我们可以利用现成的工具让自己跟上时代，利用科技辅助工作，减轻生活负担。我们可以选择让自己更自由的工作方式，利用时髦的新科技发明成果，成为一个多面手。

我们需要逃出牢笼，重新开始。我提供的关于斜杠生活方式的大多数想法和建议都是为了消除对工作的固有偏见，从小到大耳濡目染深信不疑的传统工作思想，但不是要你明天早上一起床，就立马提交辞职信，而是不断承担程度轻、持续到来的风险，让机会的大门始终朝自己打开。目标是为了跨出职业束缚，自我投资。如果你一直在考虑给自己的职场生活增添新意，现在为时不晚。职场需要改头换面，许多老旧的传统都随它去吧。当下，企业组织结构正在进行大规模的变革，所以，勇敢开始自己的副业吧，创建个人主页，独立自主地推销自己，看看会有什么惊喜发生。行动起来吧，就是现在，掌握自己的命运，用专业技能武装自己，投资自己。撕掉旧的规则手册，拿出新的笔记本，为自己挑选一个最合适的“缓冲垫”，困难是只纸老虎。

现在，我会告诉你一些永不过时的原因，以证明如果你不尝试着实现全方位发展，利用闲暇时间、挤出来的时间乃至所有时间里，再从事一份事业，你将会错失良机。

挫败感在所难免

万事开头难，自我怀疑是一种相当有帮助的情绪。它让你烦恼，强迫你分析当前的处境，认真检查自己在哪些方面需要做些改变。它也可以欺骗你。我曾经阅读了托德·卡什丹（*Todd Kashdan*）和罗伯特·比斯瓦－迪纳（*Robert Biswas-*

Diener）合著的《消极情绪的力量》（*The Upside of Your Dark Side*）一书，随后意识到，一些情绪可以激发你、引导你。嫉妒？说明你也想获得某个东西。害怕和自我怀疑？或许是因为你正在忙着某事，担心事情结果不如人意。愤怒？因为力所能及，而你却未能找到合适的办法并将想法付诸现实。每一种消极情绪都会释放出某种信号，说明你能行。接受这些讨厌的情绪吧，发现它们的有趣之处，而不是让你烦恼之处。你可以像剥洋葱一样，慢慢明确自己的感受。有时候，事情很艰难，但这不意味着最初的决定就一定是错误的。曾经，在经营了多年副业后，我辞掉了全职工作，在这之后的一段时间内，我有一种前所未有的无助感，但是，熬过几个月的过渡期后，收获也开始显现，最终证明，一切都是值得的。好事多磨。例如，当我在写这本书时，感觉提炼要点是最困难的（讽刺吧），但我知道，只要坚持写下去，一切就会水到渠成了。尽管一开始感到艰难，但最终，一切都顺理成章。

拥抱自己的独特魔力

斜杠世界的乐趣之一就在于，我们自己就在舞台中央，你可以亮出自己（横跨多领域！）的独特技能。它们或许不如大企业高薪奖励的那些技能一样夺目，但也不要紧。你自己的超能力或许更加精妙，可以为斜杠生活带来意外的惊喜。你擅长社交吗？你是个独立的人吗？你有很强的适应性，可以在任何地点开展工作吗？你可以快速地学习新知识吗？你是否有许多奇思妙想却烦恼无处施展它们？听一听人们对你的夸奖吧。你有自己的长处，当前的工作环境只注重阵仗大、喧闹、博人眼球的技能。关注那些安静的事物吧，它们能够让你走得更远，赋予你竞争优势。记住这些技能，培养它们，记住，在斜杠职业道路上，它们有一席之地。

夺回时间

美国国会议员玛克辛·瓦特斯（*Maxine Waters*）说过一句著名的话："不要浪费了我的提问时间（*Reclaiming my time*）！"当下，夺回属于你的时间是工作和生活的重点。时间就是现代生活中的奢侈品，但是，弹性工作机会并不是少数人的专利。每一个人都可以获得弹性工作的机会，人们凭借它们夺回属于自己的时间，好让自己不至于为了工作精疲力竭。有时间——即使是微不足道的富余时间，都能让我们得以成长和学习，在工作上展现出最好的自己。现在，是时候要求企业采取弹性工作制，并敦促更多的企业设定弹性工作时长标准，哪怕每一周只有几个小时也好。如果你需要额外的时间启动副业、学习新技能或报名在线培训课程，可以考虑像"顺时"这样的公司，它在广告中就宣传实行弹性工作制。我们还需要适应更频繁地与网络世界"脱钩”的习惯，如何能够更好地利用时间？

颁发入场券

职场等级制度正在发生改变，我们从工作中学到的内容也在改变，能给我们发出“入场券”的公司不止一家。每一次，当我在工作相关场合或研讨会遇见其他人时，99% 的人都不是来向我征求意见的，而是希望我给予“许可”。他们详细地解释自己的商业计划以及为此做出的准备、自己的想法、未来的做法，展现出澎湃的激情，他们想要的不过是一个肯定。这让我意识到，有这么多人因缺少自我肯定的信心而止步不前。给你也颁发一张“入场券”吧，大胆地试一试。

拥抱变化

变化是好事。变化让人害怕，但也可以美妙。调研机构“阿金和奥平尼尔”（*Akin and Opinium*）最近公布了一项针对“求变者”的一项调查结果。斜杠人士也可以包括在内，他们始终在寻找不同的生活方式，变化才是准则，他们也欢迎变化。调研对象并不属于特定年龄层或某个地理区位，他们是“一种由价值观和态度定义的人群”。尼尔森调查公司（*Nielsen*）估计，全球共有4.55亿个像“我们”一样的人。正在阅读这段文字的你就是一个求变者，否则，这本书入不了你的法眼。当你在苛求一种截然不同的职场生活时，你并不是孤独一人，我们周围还有数亿人和你有着一样的想法。让我们发现彼此，我们不应害怕变得与众不同。

致谢

首先，我想谢谢优秀的作品经纪人亚比该·博格斯特龙（*Abigail Bergstrom*），感谢你一直以来的支持，我很幸运能和你合作！无数个深夜里，我发给你数不清的私信，打扰你，而你一一忍受，这份感激无以为报，你是最棒的。

非常感谢霍德和斯托顿有限公司的团队，第一次会面以后，他们就对本书以及书中传达的讯息展现出极大的热情（还记得那是一个美妙的炎炎夏日，我们在位于伦敦的董事会会议室里享用冰激凌）。感谢我的编辑布里尼·高利（*Briony Gowlett*），和你一起工作十分愉快：发自内心地感谢你！！！我还想谢谢韦罗（*Vero*）、希瑟（*Heather*）、凯特里奥娜（*Caitriona*）、多姆（*Dom*）、罗茜（*Rosie*）、卡梅伦（*Cameron*）和艾米（*Amy*），你们是个无与伦比的团队。感谢才华洋溢的霍利·麦格林（*Holly McGlynn*）为我拍摄封底的照片。

感谢迪维·贝尔（*Diving Bell*），最酷的团队管理：金·布特勒（*Kim Butler*），你是个真正的领导者。我很开心，2016年12月的一个雨夜，我们偶然相遇、结识，感谢上天让我们都选择那天前往聚会，当时的我根本不知道，自己将获得一位了不起的工作伙伴和好友。

感谢本书中提到的所有具有魔法的斜杠人士：感谢你们接受我的采访，或让我把你们的故事写入书里。对于你们的贡献和时间，我深表感激。

感谢所有倾听或作为嘉宾参与我的播客节目《控制键、交替换档键、删除键》的所有人。我和许多来自不同领域的积极分子、创意人士和企业家交流，与他们的谈话充满了魔力和真诚的意见和创意，让这本书得以诞生。我衷心感谢所有持续参与节目和话题讨论的朋友。我依然热爱与你们的交流。感谢绍拉·阿莱杰（*Shola Aleje*）精彩地制作了我的直播节目。

感谢联合办公空间（*WeWork*）和使用"蜜蜂嗡嗡"应用的女性们，特别感谢安娜贝拉（*Annabelle*）！感谢你们与我合作，支持我的斜杠运动。感谢斯塔林银行的朋友，你们推动了关于金钱的至关重要的讨论。

感谢我的父亲，他是我发现的第一位自雇斜杠人士，我从他身上受益匪浅，感谢我的母亲：感谢您对姐妹们吼叫，只为给我最安静的空间；还有我最好的朋友[你们都能对号入座，也就是"苏珊们"（*The Susans*）]，保尔（*Paul*），感谢你在过去一年以来，耐心倾听我滔滔不绝地谈论这本书。我爱我们共享的这一份令人倍感兴奋的斜杠生活。